本书得到"扬州城国家考古遗址公园"项目资助出版，特此致谢！

国 家 重 要 文 化 遗 产 地 保 护 规 划 档 案 丛 书

# 扬州城国家考古遗址公园

## 唐 子 城 · 宋 宝 城 城 墙

王学荣 武廷海 王刃馀 胡 浩 著

中国建筑工业出版社

# 丛书说明

人类文明的进程既是创造的过程，也是选择的过程。传承至今的历史文献所记载的内容，很大一部分是对人类选择过程之记录，所不同者是基于不同的时空、立场和动机，所记录内容和详略之差异。文化遗产的存与留、沿用与废弃、传承与消失等等，在某种程度上，也是人类发展过程中筛选的结果。文化遗产的保护与利用，在很大程度上，是今天的人基于特定认识而对历史遗存的一种筛选，用我们所熟悉的哲学用语来说就是"扬弃"。

保护文物，传承文明，古为今用。文物是文化遗产的物化形式，它所蕴含的不是简单的关于既往历史的残存记忆，重要文物是承载、铭记并实证人类、国家和民族发展历程的物质凭据和精神家园，是不可再生的珍贵资源，我们有责任有义务对其保护和传承，尽可能减缓其消失的速度。2015 年 2 月中旬，中共中央总书记、国家主席、中央军委主席习近平在陕西考察时讲到，"黄帝陵、兵马俑、延安宝塔、秦岭、华山等，是中华文明、中国革命、中华地理的精神标识和自然标识"；"要保护好文物，让人们通过文物承载的历史信息，记得起历史沧桑，看得见岁月留痕，留得住文化根脉"。[1]

文物的保护与传承具有阶段性特征，对文物价值的认知同样如此，并非一蹴而就，往往是渐进的过程。因此，在保护文物本体和优化环境的同时，保存、保护与文物保护及利用相关的决策资料同样尤为重要。以古文化遗址、古墓葬和古建筑等不可移动文物为例，依照《中华人民共和国文物保护法》，"根据它们的历史、艺术、科学价值，可以分别确定为全国重点文物保护单位，省级文物保护单位，市、县级文物保护单位"三个保护与管理层级。当前国家对于全国重点文物保护单位的保护管理主要分为"保护规划"和"保护工程方案"两个层级深度，部分遗址在建设国家考古遗址公园时，按要求须编制"国家考古遗址公园规划"，其中保护规划文本经文物主管部门国家文物局批复后，由省级人民政府公布并成为关于遗址保护与利用的法规性文件，规划时限一般为 20 年。无论遗址保护规划，还是公园规划或保护工程方案，既是特定阶段文物保护理论、方法与技术指导下的产物，又都是一定阶段关于遗址保护决策的基本依据。同时，这些文本还包含了特定时期关于遗址的大量基础信息资料，譬如地理与环境信息、文献资料、考古资料、影像资料和测绘资料等，是一定阶段关于遗址既往，尤其是当前各类信息资料的总汇，是珍贵的档案文献。

传承是保护的重要形式，文物保护所传承的不仅仅是文物，还应包括保护文物的理念、技术与方法。在某种意义上讲，文物保护就像医生治病一样，需综合运用理论、方法与技术，具体问题具体分析，对症下药。前述"保护规划、公园规划和保护工程方案"既是综合性研究成果，更是十分珍贵的文物保护案例。在符合国家保密规定的前提下，通过恰当的方式，将这些珍贵的文物保护个案资料对全社会进行公开，与全社会共享文物保护的经验（理念、方法与技术）与成果，同时接受更广泛的监督与检验，尤其可供更多更大范围的人员研究和参考，势必对进一步改进文物保护工作和提升文物保护水平大有益处。

本丛书拟以全国重点文物保护单位为基本对象，特别选择进入国家重要大遗址保护项目名录的遗址单位，对其保护规划、国家考古遗址公园规划或保护工程方案进行整理出版，以促进文化遗产的保护与传承。

1 转引自《不断促进实践创新 努力传承中华文化——用习总书记讲话精神推动陕西文化事业发展》，见《中国文物报》2015.03.04。

# 前言

## 一、基本情况

2012年《唐子城·宋宝城城垣及护城河保护与展示概念性设计方案》[1]得到国家文物局批复（文物保函[2012]1291号）。该“方案”对扬州“蜀岗上古城址”的形态和变迁等进行了比较系统的研究，提出了不少新的推论，尤其对南宋时期“蜀岗上古城址”三次重要变迁过程及其形态、布局和结构进行了初步判断。截至2013年底，结合最新考古勘探成果和考古发掘研究，之前处于推断阶段的南宋时期古城址形态和遗存构成部分得到证实。

## 二、方案层级关系及任务

2012年《唐子城·宋宝城城垣及护城河保护展示概念性设计方案》对蜀岗上城址的墙垣、城壕遗存所反映的城域空间层次、结构及其历史形态的演变过程进行了较为细致的分析，对城垣及城壕遗存所承载的文化含义、历史重要性等方面的价值进行了评估，对城垣及城壕的保护与展示要求进行了界定。

2013年我们通过《扬州城国家考古遗址公园唐子城·宋宝城城垣及护城河保护展示设计方案》（即下文“2013年‘方案’”）针对2012年“方案”中的护城河遗存的保护及展示进行了方案设计，对蜀岗上护城河的历史范畴进行了明确的界定。同时，2013年“方案”还对城壕遗址的滨水展示形态进行了较细致的设计。（1）在保护方面——首先，为使城壕清淤过程中不致对城壕内侧的墙垣遗存及外侧的历史构筑物造成影响，对城壕两侧给出了保护红线，设定完整而明确的墙垣遗存保护范围，对墙垣内侧村落在墙垣周围的生产、生活用地行为进行严格限制。其次，根据勘察结果，对墙垣遗存本体的病害进行排查，提出针对性病害处置方案。（2）在展示设计方面——承接2012年“方案”中滨水区域的展示设计，对墙垣遗存进行空间形态分析及展示潜力评估；即在不影响墙垣遗存本体的前提下，对条件允许的墙垣遗存部分进行展示设计，构建墙垣遗存空间的整体阐释系统和相应展示节点，完善相应管理、导览及服务设施。

## 三、方案编制背景、项目形态与编制预期

我们在2012年对扬州蜀岗上城址的墙垣及城壕遗存进行保护与展示概念性设计；而当时“扬州城考古遗址公园”虽然已经立项，但“扬州蜀岗上城址”并没有单独的规划文件作为用地法律依据，故在完成本方案“墙垣与城壕遗存的整体保护展示”设计的基本任务之外，尚须弥补规划层面上的“缺环”。这使得保护与展示设计方案文本需要向“规划”层面倾斜，即在进行具体的保护和展示设计之前，需要对具体地块的遗存结构、遗存范围、地用分类、保护区划界定等本应在规划层面上前期解决的问题进行分析，然后才能进入保护与展示的设计层面。

对遗址本身的认识也有一个不断深化的过程。2012年方案中，我们针对“扬州蜀岗上古城”的城域空间进行了空间层级切分。这个切分既是从空间规划设计角度进行的空间逻辑关系辨析，也是为蜀岗上城址的考古资源管理提供逻辑框架。到2014年，我们又对墙垣、城门区、城角等重要区位都进行了新的解剖。这些考古工作增进了对考古遗址结构的认识，对遗址的保护、展示设计提供新的支持。城域轮廓除了隋代和部分东周时期遗存较为清楚外，其他部分难以确认；

[1] 该“方案”后经过完善和订正，于2015年以《扬州城国家考古遗址公园——唐子城·宋宝城城垣及护城河保护展示总则》（“国家重要文化遗产地保护规划档案丛书”之一）命名并正式出版发行（中国建筑工业出版社，2015）。本书后面提及“2012年《唐子城·宋宝城城垣及护城河保护与展示概念性设计方案》”及《扬州城国家考古遗址公园——唐子城·宋宝城城垣及护城河保护展示总则》，则分别简称为“2012年《方案》”和“2015年《总则》”。

即便这些比较具备“准确性”的遗存依然很难从城域空间层级加以深入。如以南宋城垣为例，我们在20世纪60年代的航空影像中所见南宋墙体仍旧矗立在早期堆积之上，而这种结构在现在的实地勘测中已很难见到踪迹。很多区位只能借助考古钻探、探沟发掘等方式尝试重新确定具体界线。因此，从空间上完全落实每一个历史阶段城垣与门址的形态仍有相当大的难度。又如东门区域，其结构至今仍不十分清楚；再如即便西北城角这样在20世纪已经局部解剖过的地段，其各历史阶段风貌的认识也存在较大的难度。这样，我们在保护与展示设计过程中，必须充分考虑到结构的不确定性——针对不同空间层级、不同具体区位考古认知情况差异巨大的情况，须采用相对应的、恰当的保护与展示设计深度。对基本的地用底线必须遵守，对情况不明确的、无法确知的具体部位，都应以保护为主，避免“过度表现”和“过度设计”。这些“分寸”的拿捏都必须以扎实的考古资料分析为基础。

遗址保护的根本任务以及上述有利和不利因素，决定了我们的项目形态和项目预期——第一，借助本方案编制的过程弥补现有蜀岗遗址保护在规划层面上的缺失，强化保护与展示的基础。第二，进一步完善蜀岗上城址墙垣遗存的空间结构分析，在现有空间认知条件允许的情况下，完成考古资源空间逻辑“再结构”；通过综合比对，明确空间展示层次、主题及可展示对象内容。第三，确定保护对象、保护方式及工程保护方案。第四，对展示主题进行空间形态设计，完善相应配套的管理、导览、服务、交通设施以及园林化休憩场所。因此，采取如下策略：针对当下遗址地用“立法”缺失、历史格局空间的认识状况、遗址留存及保护状况以及空间展示需求等具体的需要，保护展示设计方案的基本项目预期以凸显墙垣及重点区位的轮廓为主，不过多涉及具体小结构（即单体构筑物及其以下层级地物）的刻画；在保护方面也相应地以缓解和控制地用压力、修补破损、护理边坡、缓解植被根系破坏、引导利用保护性植被等软性方式（相对于理化加固而言）为主，减少对已成均衡状态的地表种植系统的过度干预。

## 四、方案编制资料来源及设计深度考虑

根据国家文物局2013年5月颁布的《文物保护工程设计文件编制深度要求》，工程设计文件的编制深度应最高可达到1:500总平面图纸的详细程度。目前我们能够通过地方文物系统实际获得的空间实测平面图比例为1:2000。由于遗址范围过大，故不可能达到1:500的要求上限。所有与展示设计相关的考古遗迹平剖面图均经过评估筛选，其中有较多资料在比例细致程度上要远远优于1:200的图纸比例上限要求，但基于其他原因（如保存状况较差）而并未列入设计图之列。因此，我们使用的仅为其中一小部分。在保护设计层面上，须兼顾城墙的土垄线性形态特征，这一空间尺度延伸都在1.5公里以上，须对其进行段落性保护设计，故采用CAD分段截取断面进行段落性说明的方式展开。这样既能够兼顾段落同质化特征，又能突出不同段落各自的保护需求和展示需求。

## 五、本书主要内容

本书回顾当时构思、考古、踏勘和设计的历程，把具有价值的成果和过程加以总结，用“三章”的内容加以体现。“第一章”为“蜀岗上城址墙垣”，主要从“合规：遗址重要性申述”、“条件：城垣保护与展示设计实施的阶段性特点”、“范围：保护范围及项目阶段性保护展示范围”、“空间：城址历史沿革与本项目保护对象的基本空间含义”和“节点：保护与展示对象的节点安排与空间切分”这五个方面介绍了“唐子城·宋宝城城墙”的基本情况。“第二章”为“墙垣勘察报告”，主要从“完整性评估：考古遗址压力及缓解措施”、“病害评估：病害位置、成因及保护措施”、“展示评估”、“特殊说明”和“勘察平面图及说明”这五个方面介绍了“唐子城·宋宝城城墙”的勘察情况。“第三章”为“保护与展示工程设计方案”，主要从“保护与展示工程设计方案概述”、“工程总体方案设计”、“保护与展示工程方案”和“专项工程方案”四个方面介绍了“唐子城·宋宝城城墙”保护与展示工程设计方案。附录为“城墙保护展示工程设计图则34例”，用图示的形式介绍了设计成果。

王学荣　武廷海　王刃馀　胡浩

2017年9月

# 目　录

第一章

# 蜀岗上城址墙垣

# 1.1 合规：遗址重要性申述

原则上，“遗址价值评估”是“遗址保护用地”所要求的基本法理依据。2010年东南大学建筑设计研究院制订了《扬州城遗址（隋至宋）保护规划》（后简称“2010年总规”，至2014年12月尚未通过）。该法律文件对扬州城“遗址”整体的文物价值、艺术价值、科学价值和世界遗产价值等方面进行了界定。关于扬州城遗址“蜀岗上城址”部分的价值细化工作，则是2012年在中国社会科学院考古研究所及清华大学建筑学院在制订《唐子城·宋宝城城垣及护城河保护与展示概念性设计方案》（后简称“2012年概念方案”）过程中完成的。该文件将“遗产价值”进一步落实到“蜀岗上”城址范围。根据价值分析、空间结构演化分析、保护状况分析等基础研究，对“蜀岗上城址”所在区位的地用区划与保护要求，做了进一步的规定从而完成了由“总规”地用要求向“具体”地用原则的过度，在空间尺度上进一步加以细化。兹在上两部上位保护方案所认定的遗址价值基础上，结合当下保护、展示任务，将“蜀岗上城址”墙垣遗存的历史重要性与城垣保护要求进一步补充申述如下。

❶ 扬州与江苏城市网

# 区域人居史源头

蜀岗是扬州城市的发源地。唐代以前的扬州城遗址集中于蜀岗之上。蜀岗上古城历来是扬州城的政治中枢。从文献记载可知，春秋的邗城，战国、汉代和六朝时期的广陵城，隋江都宫，唐子城，南宋宝城等都建在蜀岗上。蜀岗区域是扬州多个筑城阶段遗存最为集中的区域，其历史价值的承载力和表现力也最强。对于蜀岗古城墙垣的考古发掘研究，证实了蜀岗地带人居使用过程的连贯性与复杂性。“蜀岗上城址”在不同年代发挥着不同的作用。其城垣遗存的历史价值，在于了解该地区的地用变化过程（城址变化过程），以及由此在整个扬州格局中的基本作用。

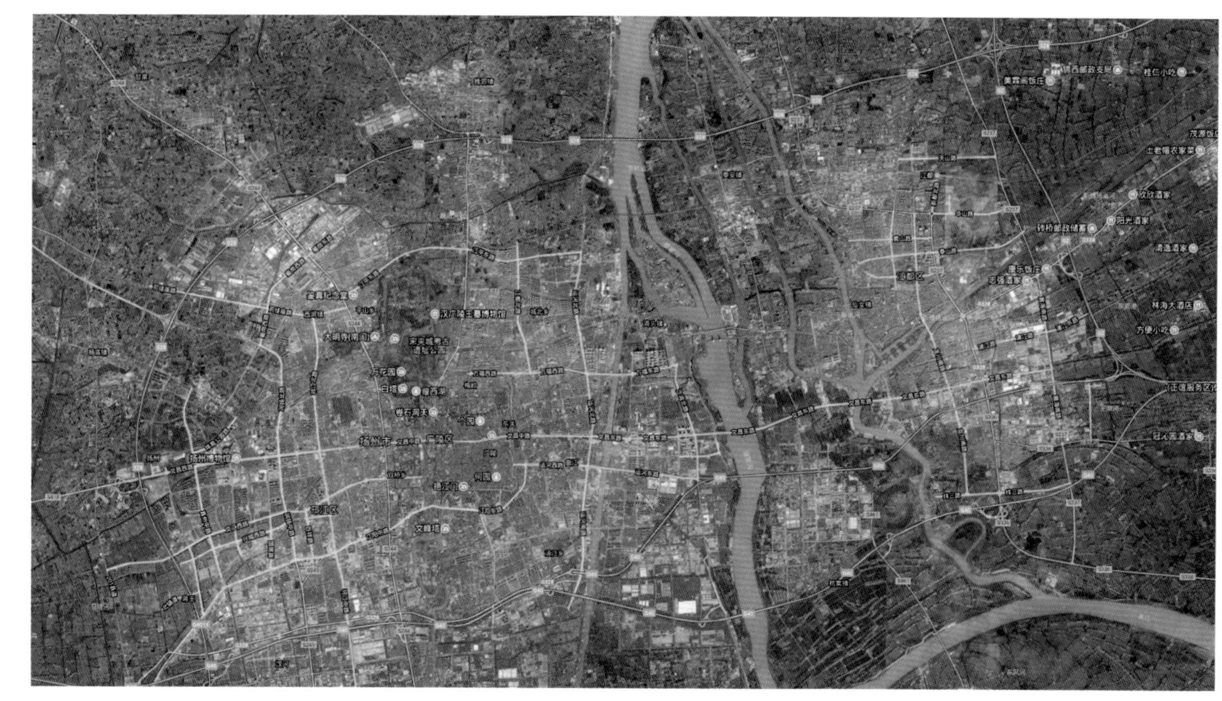

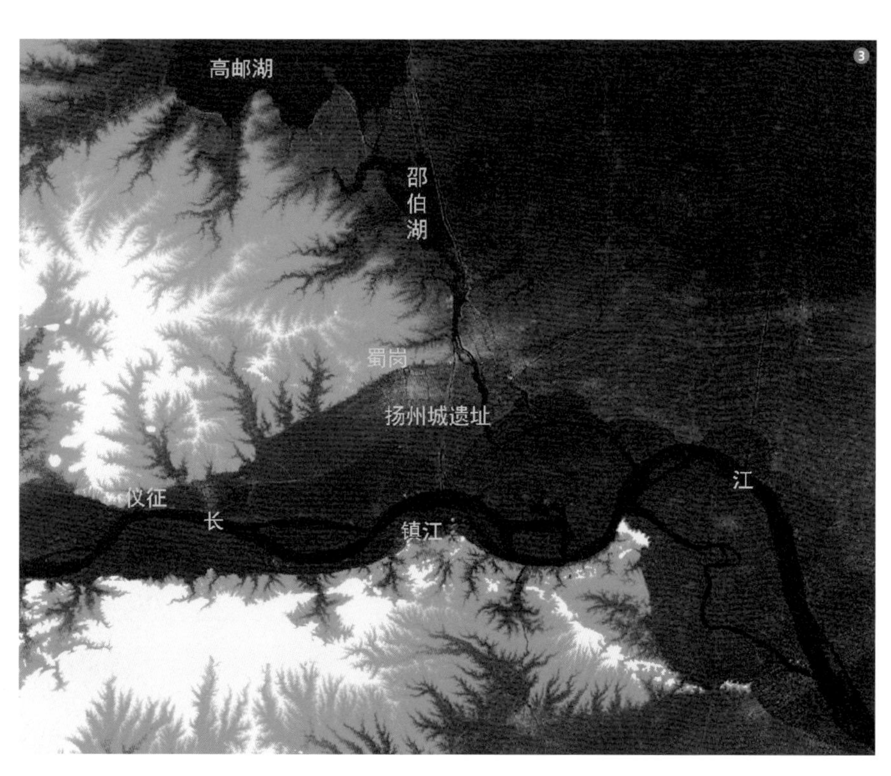


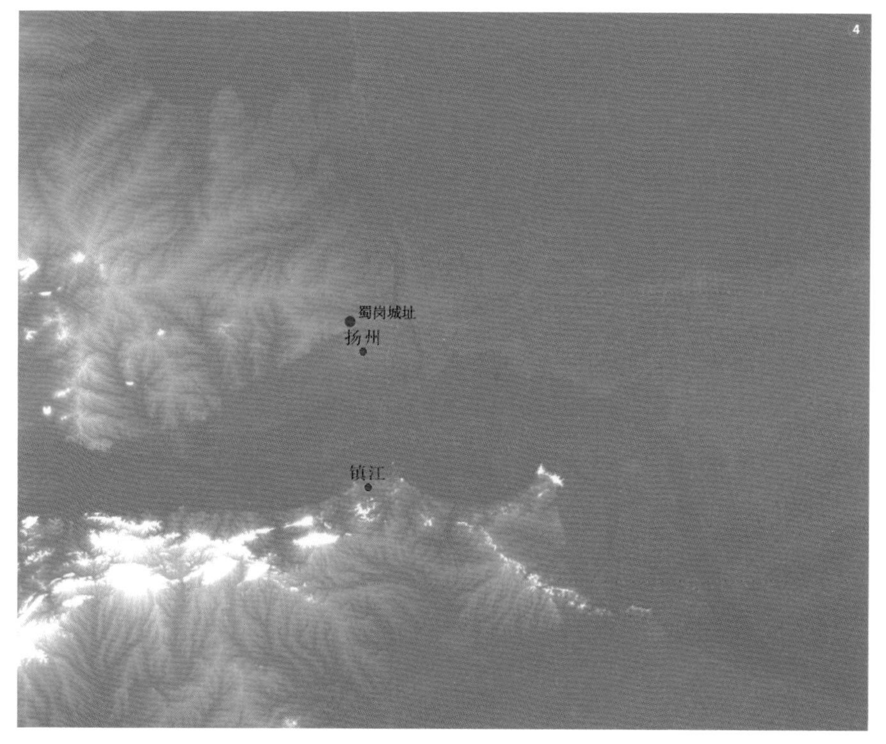


❷ 扬州市区与蜀岗位置

❸ 蜀岗区域地理形态模型

❹ 扬州区域地理形态模型

# 地理廊道节点与蜀岗上下区域“二元格局”核心的地用证据

从地理廊道区位特点、局部高程、相关遗迹分布范围与江线的吻合关系、建构筑技术特征等方面观察，春秋时期（邗城）及战国至秦汉时期（广陵），蜀岗区域的“驻守性”一直是非常突出的（如果考虑汉代分封同姓以为屏翼和长期与江南越人对峙的历史过程，那么即便是具备诸侯王国都城的属性，其军事占领性也是不言而喻的）。蜀岗早期的军事用途，为其后作为“军壁”沿用奠定了构造基础，突出地表现为选址和构筑技术特点。三国至南朝，广陵的“军事占领性”也基本如此。自六朝以后，岗下地区江线南移，人居条件渐趋改善。最迟至隋代，岗上与岗下地用主题分化或已出现。这种岗上岗下的界限在较多情况下所隐含的是官（军）与民的二元关系。无论是隋在蜀岗上构筑的江都宫，还是唐代的“理所”，其居高临下实施区域控制的“核心角色”或都与早期岗上人为建构筑物的“军政色彩”有着“顺理成章”的内在关联。“军政区”与“民政区”的分野就是岗上“扬州大都督府衙”所在子城与岗下罗城的功能区分。文献记述唐代的所谓“筑城”，均提到修缮“城垒”，或应与岗上部分直接相关。至五代时期，蜀岗上区域的军事驻扎和占领性就更为明显，直至李重进平毁岗上城。南宋时期，出于边防需要，蜀岗上久已废弛的防务要地重新被启用。自建炎元年至景定元年的一百三十余年间，岗上军事要地经历了多次结构性“加固”。最终，不但整个扬州出现了“宋三城”的固守局面，蜀岗上的堡城部分更将驻守的壁垒功能完善到无以复加的地步。自唐以来，伴随着岗下市井生活图景的展开，蜀岗古城更多地开始承担“保一方之地”的监护使命。这种责任与广陵早期驻守南北通道口隘的“岗哨”意味有一定的区别。而在南宋时期，蜀岗又被推上了前线，成为江山的卫戍重镇、前线军壁。

❶ “蜀岗古城址”在扬州市内位置（地图）

上述蜀岗历史地位和历史朝向的嬗变取决于其在国家地理中的战略需求变化——一方面它是整个扬州的人居历程发起点；另一方面，出于其独特的地形禀赋与沿袭下来的“驻守”传统，它始终与其他区位（特别是蜀岗下）恪守着某种“独立性”。在“扬州城”这一层面上，蜀岗是区域人居过程的真正发起点。其主体功能的时间深度应为东周至南宋。其中南宋为历史景观“格局”定型时期。从完整时间跨度讲，“元明清”时期及近现代至当代的“地用”变化过程与城址主要功能无关，属于“遗址化”后的社会地用过程。

与此不同，蜀岗下城区部分的时间深度应集中在隋唐至民国。其内容应以民政和市民生活为主。随着人居重心的逐步南移与城市规模的缩减，“监护式”的城防模式彻底废止。自蜀岗城址在南宋末废弃后，扬州岗上与岗下的“二元结构”已经消失，民用的城防逐步由城外驻扎转为城内驻守，蜀岗的历史地位也告终结。蜀岗城址实际功能废止后，明清时期，蜀岗地区逐步变为一处扬州城北的郊野景观区。岗上区位的“非民用”性，是其突出的地表景观形态特质真正的成因。上述这些城址功能变化的节奏，集中体现在城垣形态的变化上。

## 墙垣重要性的空间载体配位

自2012年以来，“蜀岗上城址”的墙垣及城壕遗迹的基本轮廓已逐步清晰。其不同时期考古遗存的历史空间所指也逐步明确。就遗址潜力而言，墙垣遗存在东周、汉、六朝、隋唐、五代、南宋这六个重要功能嬗变阶段均有体现，基本能够支持对前述历史文献中所反映出来的“蜀岗上城址”沿革的阶段性特征。东周时期主要的遗存范围在“子城”西墙北段、北墙西段（雷塘路以西）以及“子城”北墙与东墙上（即YDG2 ~ YDG7、YZG4所在的两墙垣遗存；具备东周阶段发掘潜力的墙垣区位可能在城址东侧仍有存在，目前尚不十分清楚）。汉代、六朝、唐代遗存的分布位置，目前也基本与东周已确知遗存范围相仿。隋代遗存目前确知仅为西北城角内侧拐角一处。五代城址的轮廓仍不

❷ 蜀岗与扬州城市高程区位关系（引自《扬州城遗址（隋至宋）保护规划》）

十分清晰。目前，在所有阶段中，只有南宋时期的城域格局（城垣范围、门区结构、城壕范围、土垄构造、局部城防设施等）是最为清楚的。“2012 年总体方案”中对城域格局在南宋时期变化的范围进而扩充至外侧大土垄，从而最终确定了整个“蜀岗上城址”的西侧、北侧和西南侧的具体范围。

“蜀岗上城址”城域的多次变化，主要体现在墙体的结构性沿袭、加固、增补及改易等变化上。与城壕遗存不同，城垣遗存所反映的城域结构“历时性”特征更加丰富和全面，是反映蜀岗上城功能变化最为“敏感”的地用证据。当下的墙垣方案，应当在“2012 年方案”的基础上，以考古学抽样为证据，有目的、有顺序地对岗上城址不同时期的“城域沿革标记”（城垣）进行空间配位，完成从“2012 年总体方案”所界定的第二级别“城域尺度”遗存“整体”向“城垣尺度”、“功能区尺度”和“结构尺度”等具体空间主题转变的辨析与遴选工作。对结构赋予具体的空间含义与历史重要性，是本方案进一步进行保护与展示设计的基础。

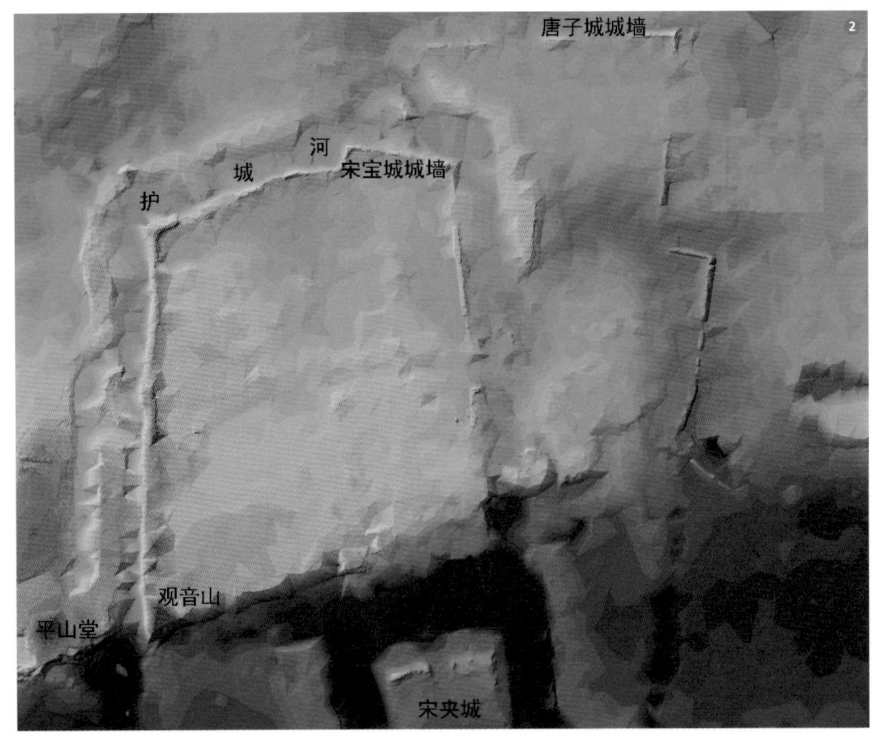

❶ “蜀岗古城址”区位图（卫星影像 2013）
❷ 蜀岗及“岗上城址”地貌现状
❸ “蜀岗上城址”本方案保护展示对象的空间线性轮廓

# 1.2 条件：城垣保护与展示设计实施的阶段性特点

## 土地使用现状

根据“2010年总规”（省政府尚未公布）、“2012年概念方案”、“2013年护城河方案”以及目前的岗上用地“事实”，现有城壕及城垣所在区位均将辟为“国家考古遗址公园”用地。目前，城壕疏浚工作在宝祐城周围区域已经完成，相关范围的空间地用已经完全控制。2012年辨识出的南宋末期人为建构筑物“土垄”上村落地用状况与当时相比，没有明显变化，仍旧面临较大的保护压力。宝祐城墙垣所在区位，除去小渔村及其东侧厂房等基础房屋已被拆除之外，墙垣上原有的墓地、房屋仍有余留，墙垣内侧村落丧葬、鱼塘、蔬菜种植侵占现象仍须得到进一步的治理。

## 阶段性考古资源利用状况及基本需求

“2012年方案”及“2013年方案”中所涉及的主要遗址景观展示内容，目前宝祐城城壕展示部分进行了疏浚工作，整体上已初步具备进行园区展示的条件，空间主题、管理、服务设施等方面在逐步完善。宝祐城城墙与护城河的展示是园区展示工作第一期的主要内容。二者关联性强，不宜滞后。

❶ 宋宝城土地利用现状卫星影像

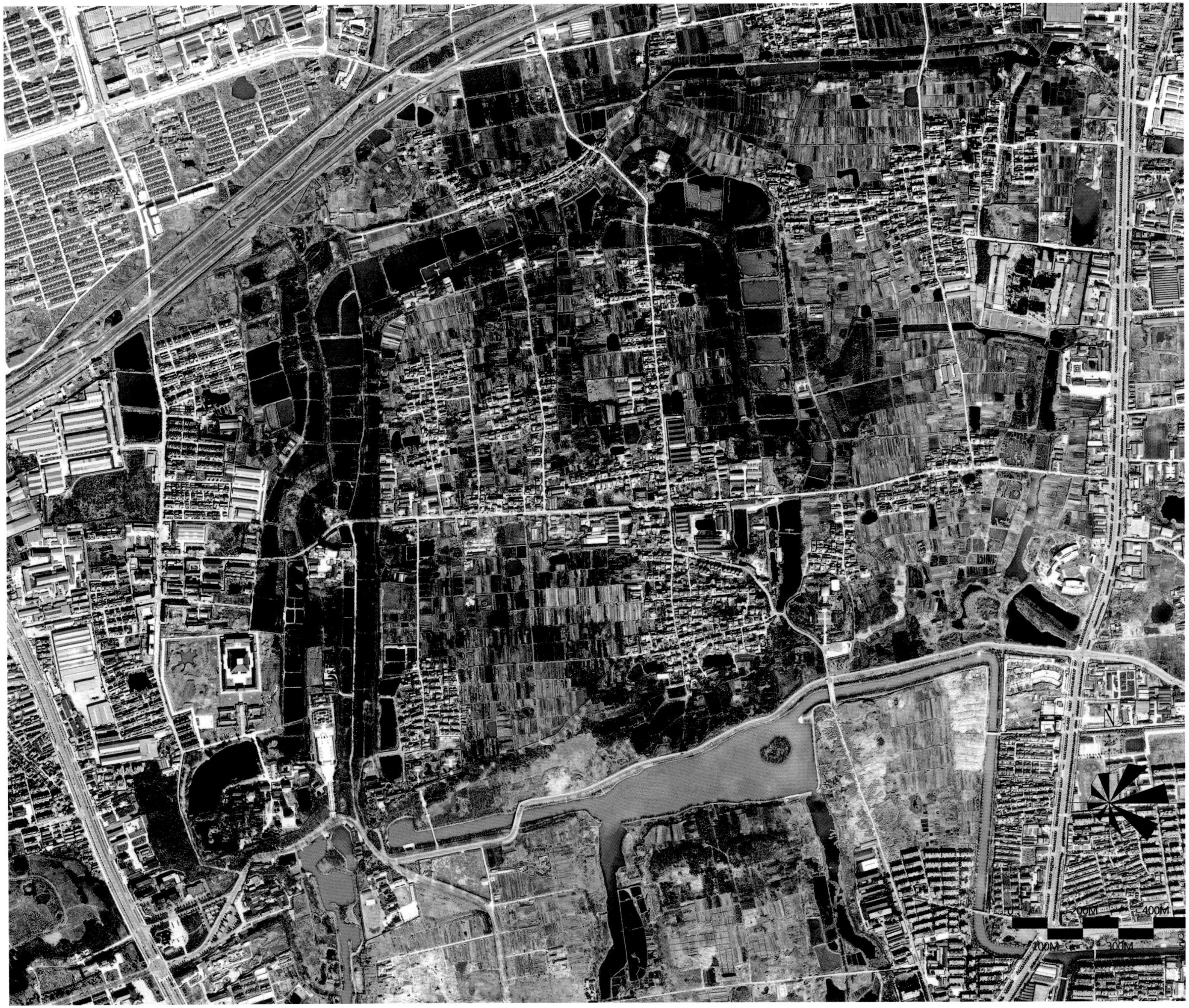

# 1.3 范围：保护范围及项目阶段性保护展示范围

扬州“蜀岗上城址”系扬州城考古遗址的重要组成部分。根据东南大学建筑设计院制订的《扬州城遗址（隋至宋）保护规划》，作为扬州城遗址蜀岗上、下两部分地块富集考古资源进行保护的“用地”依据。同时，单就“蜀岗上城址”部分而言，在遗址范围和保护范围的划定上仍存在问题，工作中不得不在保护与展示方案中反复论证各类范围区划界限。

1995 年，江苏省人民政府办公厅颁发《省政府办公厅转发省文化厅建委关于公布江苏省第一二三批全国重点和省级文物保护单位保护范围及建筑控制地带的请示的通知》。“通知”中的省级文物保护单位——扬州古城遗址——保护范围和建设控制地带分别是：(1）保护范围——东由江家山坎转向南至铁佛寺止，南由铁佛寺西折至观音山止，西由观音山向北至西河湾止，北由西河湾折转向东经尹家桥头至江家山坎（最早界定于 1957 年江苏省人民委员会公布的省级文物保护单位保护范围）。(2）建设控制地带——东至杨菱公路规划红线，南、西、北三面均至城垣以外 200 米。

1996 年，扬州城遗址被公布为全国重点文物保护单位，保护范围和建设控制地带沿用已划定的省级文物保护单位的规定。

1999 年扬州市文物管理委员会《关于加强扬州城遗址保护的通告》界定了扬州城遗址范围：东以东风砖瓦厂向南至城东运河、康山一线为界；南以康山向西至城南运河、二道沟、荷花池、双桥毛巾二厂一线为界；西以双桥毛巾二厂向北至郊区双桥乡人民政府、观音山、西河湾一线为界；北以西河湾向东至江家山坎、铁佛寺、东风砖瓦厂一线为界。其中子城遗址范围与 1957 年以来所沿袭的保护范围完全一致。

“2010 年总规”对“蜀岗上城址”保护范围进行了新的界定。新的保护范围为：东至唐子城东护城河东岸线；南至唐子城南护城河（保障河）南岸线；西至平山堂城西护城河西岸线；北至唐子城北护城河北岸线；保护范围面积总计 438.88 公顷。鉴于南宋时期人工构筑物“大土垄”的范围（其西北侧或还有外侧壕沟）的发现，原为总规划定为西侧建控地带的部分实际上也应被视为遗址本体部分。故“2012 年总体方案”中进一步更正了遗址保护范围，最终将保护范围划定为：南至蜀岗下平山堂东路；东自友谊路；北达江平东路（站前路南）；西抵扬子江路。本次保护展示设计项目的对象为上述蜀岗城址范围内南起观音山向北顺次至西华门、西河湾、回民公墓、宝祐城东北角、东华门、堡城路、相别桥，另外还包括由西门门区向南至烈士陵园间的段落，全部在遗址保护范围内。

❶ “2010年总规”保护范围及建设控制地带图（引自《扬州城遗址（隋至宋）保护规划》）

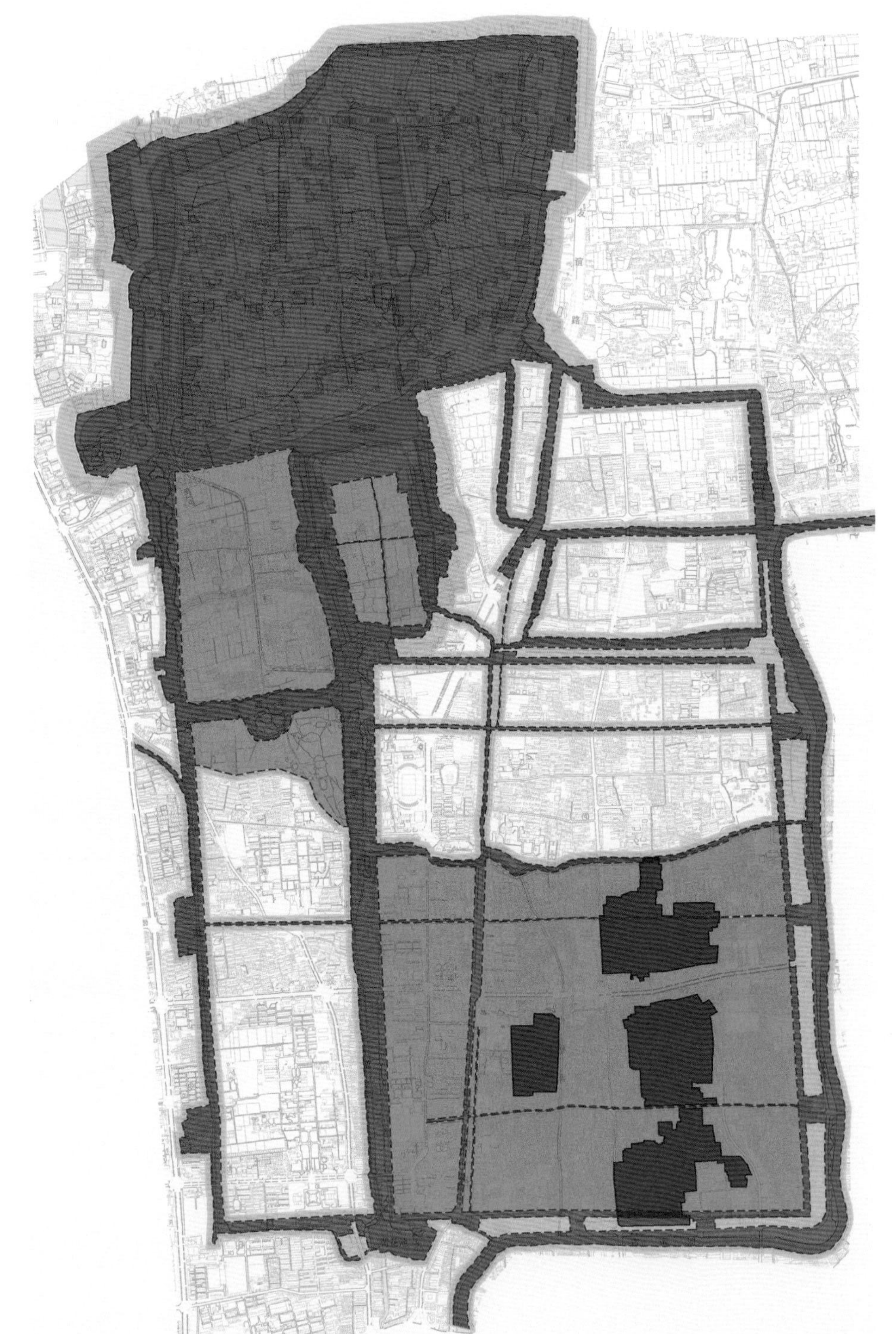

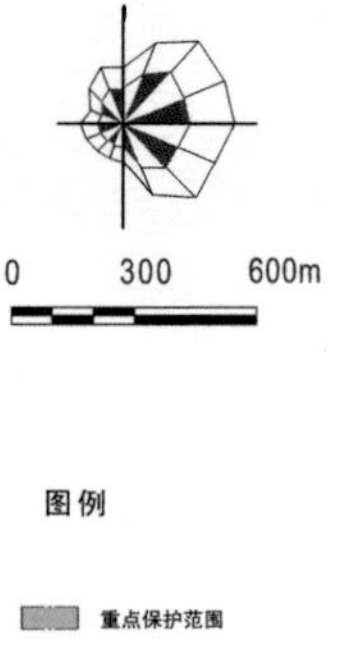

❷ “2012年概念性设计方案”建议蜀岗上城址保护范围

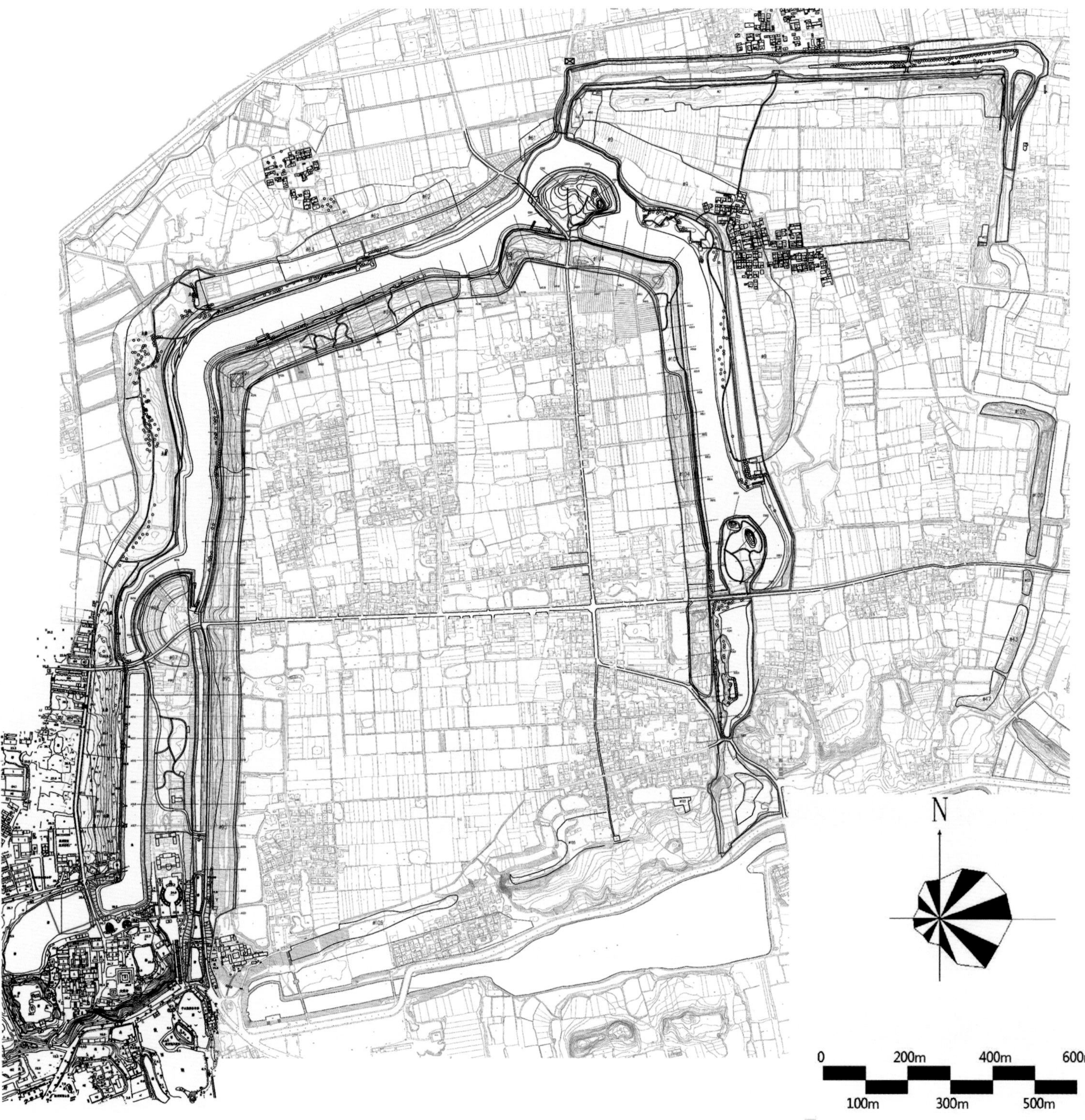


❶ “2013护城河展示方案”设计范围（其中涉及宝祐城城墙部分是残存城墙夯土遗址的本体范围）

## 1.4 空间：城址历史沿革与本项目保护对象的基本空间含义

“蜀岗上城址”主要的筑城修城历史，包括东周、秦、汉、六朝、隋、唐、五代和南宋等几个阶段。2012年《扬州城国家考古遗址公园·唐子城·宋宝城城垣及护城河保护性展示与景观设计方案》（文物保函【2012】1291）系本方案的上位方案。该方案对“蜀岗上城址”的城域沿革已有专门陈述，可参见《扬州城国家考古遗址公园唐子城·宋宝城城垣及护城河保护展示总则》“1.2 扬州城的沿革变迁”。

“蜀岗上遗址”属于地表景观类遗址，也是多时期遗址，墙体沿用与修筑的基本特征明显。南宋时期是“蜀岗上城址”格局定型的阶段，也是蜀岗上城各军事性利用阶段的顶峰。这一阶段，“蜀岗上城”与“岗下夹城”、“大城”三者形成了独特的扬州民居与城防驻守形态，即著名的“宋三城”格局。蜀岗上古城在南宋与金、蒙古的对峙过程中，由最初郭棣的堡砦城开始，经过乾道三年（1167年）、乾道四年、淳熙元年（1174年）、淳熙八年（1181年）、绍熙三年（1192年）、庆元五年（1199年）等多次加固修葺，至崔与之主事时“开瓮城五门”，至贾似道时发展成为“包平山”的宝祐城，至南宋末年李庭芝抵抗蒙元时，岗上城防已经无以复加，局部甚至存在数道垣壕协防的工事组合。本次保护与展示设计方案的对象，在整体地表格局上属于南宋时期“宝祐城”的局部，即其西墙垣（多时期）、北墙垣（西侧为多时期）、东墙垣北局部、相应的四处城门区域、城角建构筑物遗存以及西门外瓮城向南至平山堂城之间的军事构筑物遗存。

根据2012年及2013年进行的遗址完整性评估，现存墙垣的平面结构相当完整，具备独一无二的考古与历史价值，能够在地表存留景观上较完整地反映中国古代军壁堆筑的基本特征；特别是现有地表的南宋墙垣废墟，这一特征更为明确，其平面结构已被证实与《嘉靖维扬志》中所载“宋三城”之“蜀岗上城”一般无二。同时，历年来进行的钻探及考古发掘表明，在墙体沿用方面，墙垣内部构造能够有力地反映不同时期地用的基本方式变化，如城址西墙所见早期隋代包砖墙体拐角、西墙及北墙西段（雷塘路以西）范围所见自东周以来不同阶段修筑的墙体局部及段落物证、南宋时期内收加固的基本特征、北墙局部（雷塘路以东）及东墙的单一墙体构造年代特征等，均反映了“蜀岗上城址”在整体和局部逐步沿革的复杂过程。从这一角度上说，本次勘察的墙垣遗存是复杂演化的结果，同一墙垣遗存也包含了多个历史时期的使用和加固痕迹。整体上讲，它们是地用变更驱使下的“城垣演化物”。

# 1.5 节点：保护与展示对象的节点安排与空间切分

## 蜀岗上城址城垣及护城河的节点安排

“2012 年方案”对扬州城“蜀岗上城址”各时期墙体范围及轮廓的规划和保护范围进行了明确的界定（参见《扬州城国家考古遗址公园唐子城·宋宝城城垣及护城河保护展示总则》第一章）。2013 年，《扬州城国家考古遗址公园·唐子城·宋宝城护城河保护展示设计方案》对“蜀岗上城址”全部范围内的历史城壕进行了明确界定。

本次《扬州城国家考古遗址公园·蜀岗上城址宋宝城墙垣保护及展示方案》所针对的勘察及保护设计“对象”包含“2012 年方案”中标记为“乙”、“丙”、“丁”的城垣遗存局部段落及 B、C、D、E（俗称东华门的东门区现编号 D，唐城人家内断面现编号 E）。乙段整体沿用时间最久，贯穿了蜀岗古城的全部时间深度（东周、汉、六朝、隋、唐、南宋），外在形态则主要反映南宋废弃时的情况。丙段为南宋筑城时补建，墙体属性单纯。丁段性质单纯，为南宋晚期所兴建。三处带有羊马城结构的门区节点时间深度皆为南宋时期。北墙垣西侧门区（后编号“北门一”）历时性较为复杂，分为东侧门区（汉、六朝、唐、五代、南宋）与西侧水窦（隋唐、南宋）。

**“2012年总体方案”城垣遗存编号对照表**

表1—1

| 编号 | 位置 | w | 长度（米） | 主体使用时间 | 废弃时间 | 考古抽样单位编号 |
| --- | --- | --- | --- | --- | --- | --- |
| 乙 A | 西河湾至回民公墓西南侧部分 | 节点三、四 | 795 | 东周～宋元之际 | 元 | YZG3，YZG5 |
| 乙 B | 观音山至西河湾 | 节点一 | 1375 | 东周～宋元之际 | 元 | YZG1，YZG2 |
| 丙 B | 宝祐城东墙至堡城路以北部分 | — | 764 | 宋元之际 | 元 | YZG6 |
| 丙 C（节点 D） | 位于丙 B 东侧堡城路北 | 节点六 | — | 宋元之际 | 元 | — |
| 丁 | 西门南至平山堂间 | — | | 宋元之际 | 元 | — |
| 节点 B | 回民公墓所在区域 | 节点五 | — | 宋元之际 | 元 | — |
| 节点 C | 西华门外瓮城所在区域 | 节点二 | — | 宋元之际 | 元 | — |
| 节点 E | 唐城人家内 | 节点七 | — | 宋元之际 | 元 | YZG7 |

## 城垣遗存空间切分

根据本次保护与展示对象的空间特征，考虑对城垣遗存进行以下空间切分。

### 主体墙垣遗存

主体墙垣遗存主要为上位规划中乙、丙段。

（1）观音山（节点一）：禅寺、唐城博物馆（多时期，至少应包含唐、南宋）；桩号：A000 ~ A001。

（2）观音山北侧至西华门段：西华门一线以南的城址西城垣遗存（多时期，应至少包含唐、南宋）；桩号：A001 ~ A014。

（3）西华门北至西河湾：西华门一线以北的城址西城垣遗存（年代内涵包括战国、汉、六朝、隋、唐、五代、南宋）；桩号：A015 ~ A026。

（4）西河湾至“北门一”：城址北城垣遗存（年代内涵包括战国、汉、六朝、隋、唐、五代、南宋）；桩号：A027 ~ A035。

（5）“北门一”至“北门二”（雷塘路）：城址北城垣遗存（多时期，西段包含战国、汉、六朝、隋、唐、五代、南宋；东段为南宋）；桩号：A036 ~ A040。

（6）“北门二”（雷塘路）至宝祐城东北角：城址北城垣遗存（南宋）；桩号：A041 ~ A045。

（7）宝祐城东北角至堡城路：城址东墙垣遗存（南宋）；桩号：A045 ~ A059。

（8）堡城路以南至相别桥：宝祐城东城垣遗存（南宋）；桩号：A060 ~ A066。

（9）西门至平山堂城：宝祐城西门与平山堂城之间的衔接军事构筑物（南宋）；桩号：E001 ~ E011。

❶ “2012 年总体方案”蜀岗上城址城垣及护城河编号系统

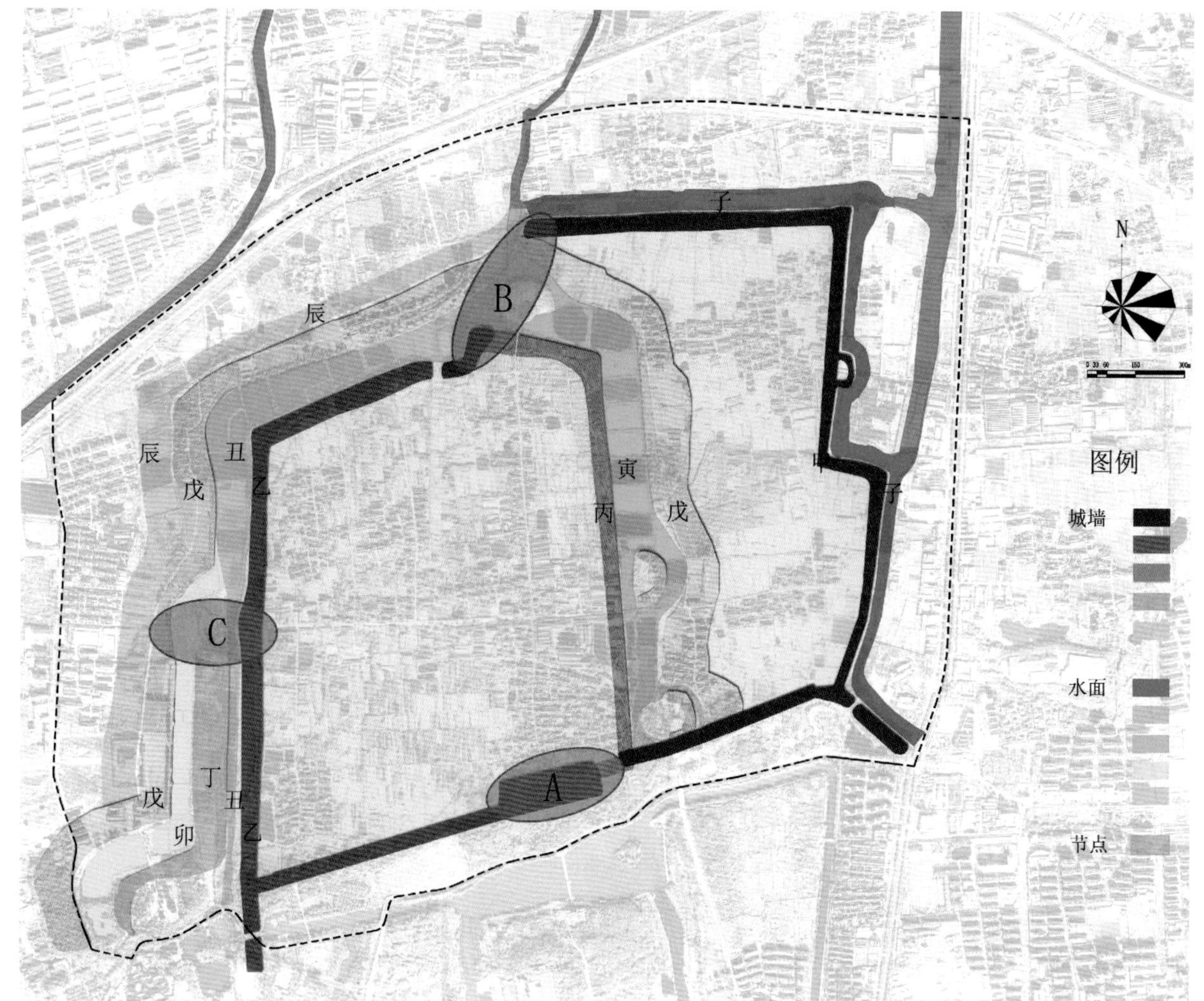

## 门区

门区水系编号参见“2013 年方案”。

（1）西门（节点二）：门署及道路（南宋）桩号 A012 ～ A017、主城壕（丑 B8 ～ 丑 B10）、桥堰、羊马城（南宋）桩号：B001 ～ B006、月河（卯 A1、卯 A2）。

（2）“北门一”（节点四）：城址北门及水窦遗存（含水关；遗存时代包括战国、汉、六朝、隋唐、南宋），桩号：A035 ～ A036。

（3）“北门二”（节点五）：门署及道路（南宋）桩号 A039 ～ A043、主城壕（丑 A9、丑 A11、丑 A11、寅 A1、寅 A2）、桥堰（未发掘）、羊马城（南宋）桩号：C001 ～ C005、月河（丑 A12）。

（4）“东门一”（节点六）：门署及道路（南宋 / 形态尚不确定）桩号 A039 ～ A043、主城壕（寅 B7、寅 B8、寅 13-2）、桥堰、羊马城（南宋）桩号：D001 ～ D004、月河（寅 B9、寅 B10、寅 B11、寅 B12、寅 13-1）。

## 城角及防御工事

城角及防御工事——西河湾拐角（节点三）：城址西北拐角（年代内涵包括战国、汉、六朝、隋、唐、南宋）；桩号：A024 ～ B026。

❶ 城墙区段划分与编号图

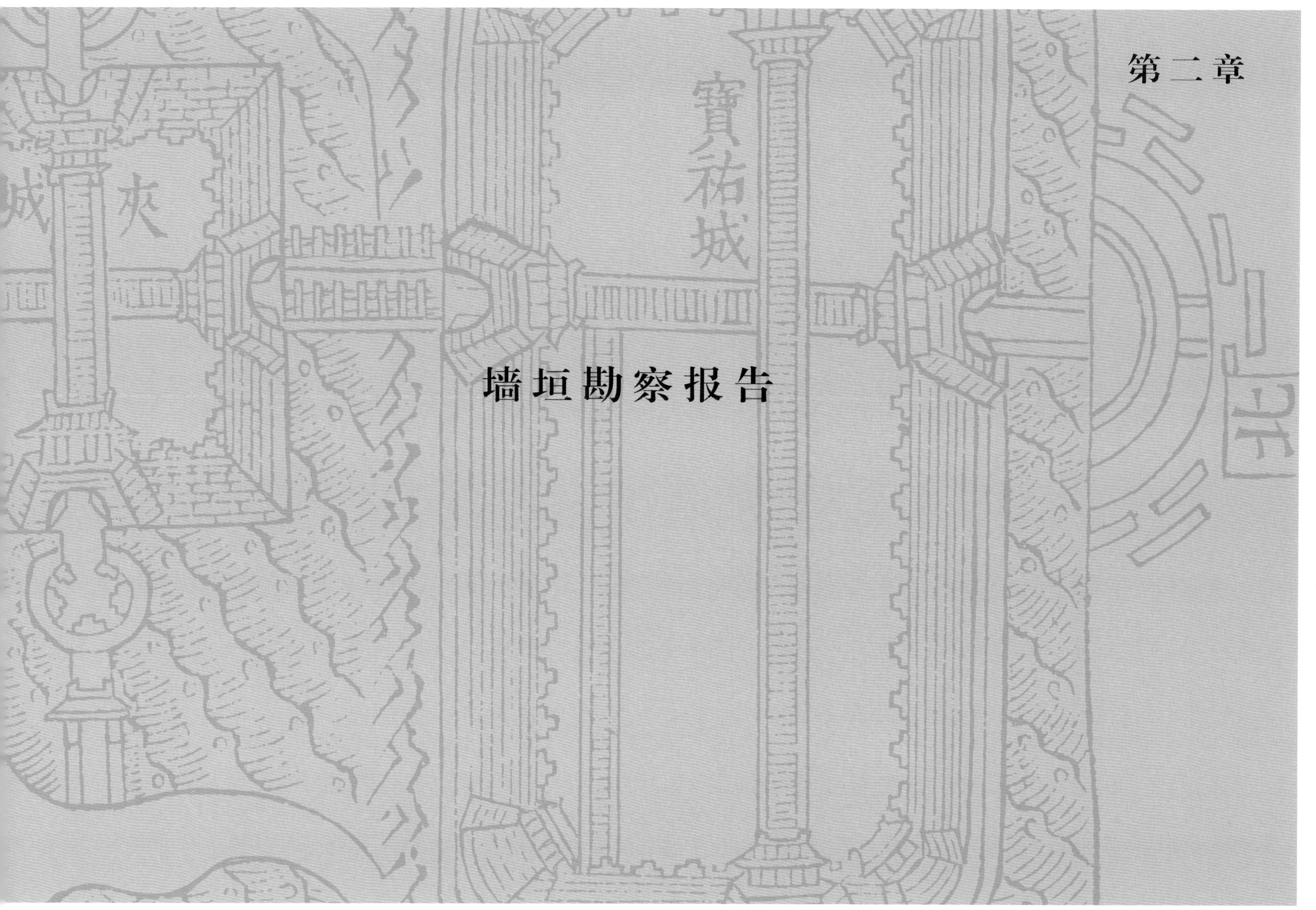


# 第二章

# 墙垣勘察报告

# 2.1 完整性评估：考古遗址压力及缓解措施

兹对本次保护与展示对象的“保存状况”陈述如下。

## 蜀岗上古城保护工程实施与保护展示关系

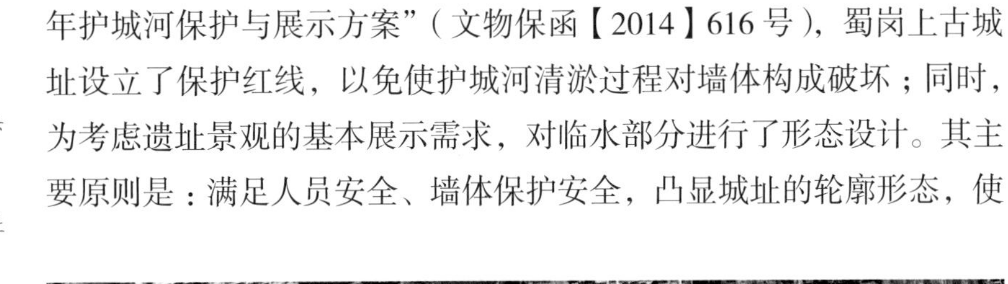

根据“2012年总体方案”（文物保函【2012】1291号）和“2013年护城河保护与展示方案”（文物保函【2014】616号），蜀岗上古城址设立了保护红线，以免使护城河清淤过程对墙体构成破坏；同时，为考虑遗址景观的基本展示需求，对临水部分进行了形态设计。其主要原则是：满足人员安全、墙体保护安全，凸显城址的轮廓形态，使游人能够在城垣与城壕之间及以外的关键节点体会蜀岗上城址的尺度、体量和延伸感。根据2014年6月与7月现场勘查的情况，“蜀岗上城址”的城壕疏浚工程及展示工程已经展开。兹将其中对本次城垣保护与展示设计的实施效果可能构成影响的部分陈述如下。

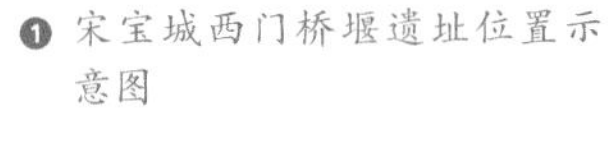

❶ 宋宝城西门桥堰遗址位置示意图

❷ 2014年宋宝城西门桥堰遗址发掘现场（西—东）

❸ 宋宝城西门桥堰遗址发掘现场鸟瞰（东北—西南）

❹ 宋宝城西门桥堰遗址侧视（南—北）

❺ 宝祐城东墙外侧铺垫之一（北—南）

❻ 宝祐城东墙外侧铺垫之二（北—南）

❼ 宝祐城东墙外侧铺垫之三（北—南）

❽ 宝祐城东墙外侧铺垫之四（东—西）

❾ 宝祐城东墙位置示意图

### 西门区域：桩号A014 ~ A015之间西侧

2014年初，配合疏浚工程，对宋宝城西门桥堰遗址进行了考古，发掘出保存比较完好的桥堰遗迹，时代为南宋时期。目前该区域已经进行保护性回填。

调整要求：完成覆土保护，缓解工程压力。未来在进一步考古工作基础上对西门区域（门区、护城河、桥堰、羊马城、月河）做整体设计。

### 宝祐城东墙东侧铺垫部分：桩号A046 ~ A056之间墙体遗存东侧

目前宝祐城东侧清淤工程直接将淤泥作为护坡材料铺垫在墙体坍塌堆积东侧，影响景观层次。通过墙体内侧、外侧以及城壕对侧多处观察，2013年勘察时所看到的清晰的墙体轮廓已经变得十分模糊，原有设计的意向受到严重影响。

调整要求：建议在实施墙体展示与保护工程之前，依照“2013年保护展示方案”关于宝祐城东墙外侧清淤后的填垫方式和规格要求进行调整。自“北门二”至宝祐城东北角均存在这种状况，应进行调整。

宋宝城“北门二”至东北城角段的城墙外侧也存在上述状况，应予调整。

## 宝祐城“北门一”：桩号 A035 ~ A036 之间

宝祐城“北门一”2014 年进行发掘，遗址整体保存状况较差，地下水位较高。目前发掘仍未结束，保存与展示压力较大。

调整要求：对遗址进行保护性回填，结合蜀岗上考古遗址公园的展示需求进行专项保护与展示设计。

❶ “北门一”位置示意图

❷ “北门一”发掘现场（南—北）

❸ “北门一”发掘现场（东北—西南）

❹ “北门一”发掘现场（西—东）

## 宝祐城“东门一”：桩号 A056 ~ A060 之间

2014 年对桥堰部分和墙体局部段落进行了发掘。羊马城上现为松林；羊马城内侧居民墓葬已经进行清除，但墓坑尚未回填，整体环境较差。

调整要求：对遗址发掘部分进行保护性回填，结合蜀岗上考古遗址公园的展示需求进行专项保护与展示设计。

❺ “东门一”地表遗存现状（东—西）

❻ 羊马城城垣保存状况（东南—西北）

❼ 桥堰遗址暴露状况

❽ “东门一”位置示意

❶ 观音山禅寺建筑群（东南—西北）

❷ 观音山位置示意图

❸ 观音山及西城墙全景（西南—东北）

## 墙体与重要节点保存状况

下文自西南城角始，按照顺时针方向次序对墙体和重要节点依次分述。

### 观音山（节点一）：桩号 A000 ~ A001 之间

观音山高地即蜀岗前缘东峰所在，有远眺岗下的地理优势，在历史上曾被认为是隋代“迷楼”等建筑所在地，既是唐子城、宋宝城西南城角，也是唐子城与唐罗城城墙的结合部。现为观音山禅寺整体占压，东西跨度 121 米，南北 95 米。地表建筑物风格为清代至民国时期风貌。根据“2012 年总体方案”，观音山保留原有建筑群落。自观音山南缘到建筑群北侧城址西墙遗存横断面之间约 100 米的墙垣段落，由于地表建筑占压面积过大，故地下遗存的年代、形态及规模尚无法明确。

保护与展示要求：应根据“2012 年总体方案”进行展示调整，增加标识说明，完善城墙结构系统的阐释。

### 观音山北侧城墙断面：紧邻桩号 A001 北侧

观音山北侧城墙断面位于观音山建筑群落北侧东西向道路北侧，暴露跨度约 40 米，残存城墙夯土厚度约 4 ~ 5 米。依据考古报告，城墙断面结构为内部为生土土芯，外部为夯筑层；表面为植物根系彻底覆盖；构树、灌木树根下扎进入墙体，形成断面侵蚀（详后）；整体保存较差，体量削减严重。

保护与展示要求：清理破坏根系；素土封护暴露面；外侧包砌生态型挡土砖加固；通过植被标示夯土层次，设置标志牌进行展示说明。

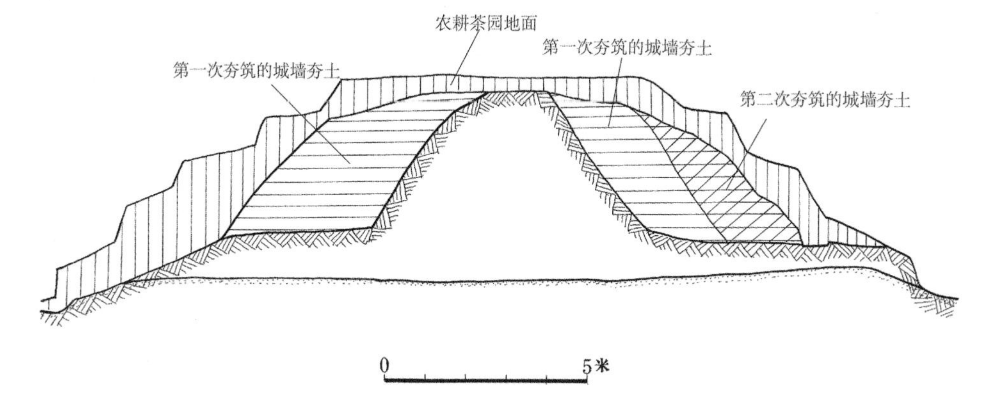

❹ 观音山北侧断面位置示意图

❺ 考古报告观音山北侧断面结构

❻ 断面外侧道路（东—西）

❼ 断面顶部与植被状况（南—北）

## 观音山北侧至西门段：桩号 A001 ~ A014 之间

观音山北侧至西门段城址西墙垣遗存，位于观音山建筑群北侧道路至堡城路之间，全长 661 米，宽度 50 ~ 67 米，西墙垣残存顶部高出现外侧路面 5 ~ 10 米，高出内侧地表米 3 ~ 5 米（北侧始高）。该部分墙垣没有公布的具体解剖数据，故目前无法确知其内涵。根据西门以北西墙垣资料推测，此段遗存应包含有不同时期的墙体本体和倒塌堆积。在西门地段，或因门道两侧原有外凸式建构筑物（如瓮城、门署或门楼墩台）存在，故局部东西跨度能达到 67 米左右。西墙遗存上布层叠茶田，顶上有松树断续若干，其间仍有零星柴鸡散养棚户尚未拆除。墙体遗存外侧道路已经基本铺设完毕，对墙垣本体未构成影响。墙垣内侧目前为鱼塘、农房所占据。根据本次调查，目前内侧未发生扩建鱼塘和房屋的现象，基本维持了 2012—2013 年调查时村落人居与墙垣之间稳定的位置关系。尚未采取环境整治措施。目前，此段墙垣遗存整体保持线性结构特征明确，植被覆盖度高。

保护与展示要求：拆除位于城墙顶部的建构筑物，维持城墙两侧现有道路和村落人居及生产建构筑物。维持和改善现有景观及植被群落。

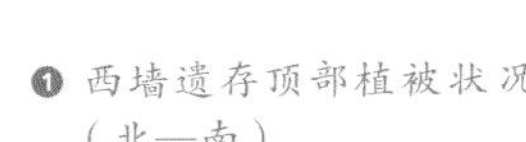
❶ 西墙遗存顶部植被状况（北—南）

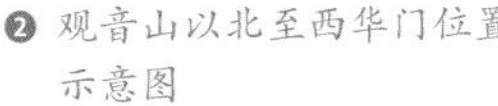
❷ 观音山以北至西华门位置示意图

❸ 观音山北侧西墙遗存地表形态（西南—东北）

❹ 西墙遗存顶部距内侧地表高度（东南—西北）

❺ 西墙遗存上建筑物及相对高度（西—东）

❻ 植被景观形态（西—东）

## 西门（节点二）：A014 ~ A015 及 B001 ~ B006

该节点包括主墙体、城门、城壕、桥堰、羊马城和月河。节点各部分的保存状况：（1）门道两侧主墙体（桩号 A014 ~ A015）——两侧主墙体夯土宽度 45 ~ 50 米，高程为 23 ~ 25 米，一般高出外侧路面约 8 米，高出内侧约 5 米。顶部断续种植雪松，中部为茶田，近底部则为灌木。土垄形态清晰，南北向延伸感明显。（2）城门——据早期调查资料，西门原有门道遗存，惜在修筑堡城路时破坏；现堡城路宽度在西门位置约 5.5 米。堡城路南北两侧暴露遗迹断面，北侧遗存跨度约 76 米，南侧约 67 米，或与原门道两侧建构筑物（瓮城、门署或墩台）相关。（3）城墙与护城河之间区域——压在现在南北向道路下，遗迹状况不清楚。（4）桥堰——残存桥墩和水堰，保存状况较好，现已保护性回填。（5）羊马城（桩号 B001 ~ B006）——即之前资料所谓西门外瓮城，地表遗存呈南北向弧形，丘垄形态明显，跨度（弦长）达到 200 米左右，土垄宽度一般在 45 ~ 50 米之间。较早公布的资料显示，羊马城城墙夯土实测宽度约 17 米，两侧为倒塌堆积，最高处高出现地表约 5 米（以南侧道路路面计算）。现地表被土地整治后辟为茶园。羊马城墙体遗存目前有两处豁口，其中南部豁口为现状道路破坏所致，北部豁口成因不清楚。

保护与展示要求：本方案西门区域为基于现状的概念性设计，具体要求为：（1）现有堡城路两侧暴露西垣遗存断面须进行根系处理，以生态挡土墙示意门道边沿形态，素土回填封护，设立展示标识。（2）水堰本体进行保护性回填处理后，恢复道路功能，布置现场说明。（3）封堵羊马城城墙现有道路穿过的豁口，以恢复羊马城城墙轮廓的完整性；羊马城其他墙体遗存保持基本形态不变，维持茶田，减少高树的视线阻挡。羊马城墙体围合的空间布置参观广场。（4）清理现场垃圾，整顿环境卫生。（5）落实“2013 年方案”对月河水道的施工要求。（6）封堵豁口后，调整门区交通线路为南向绕行羊马城。

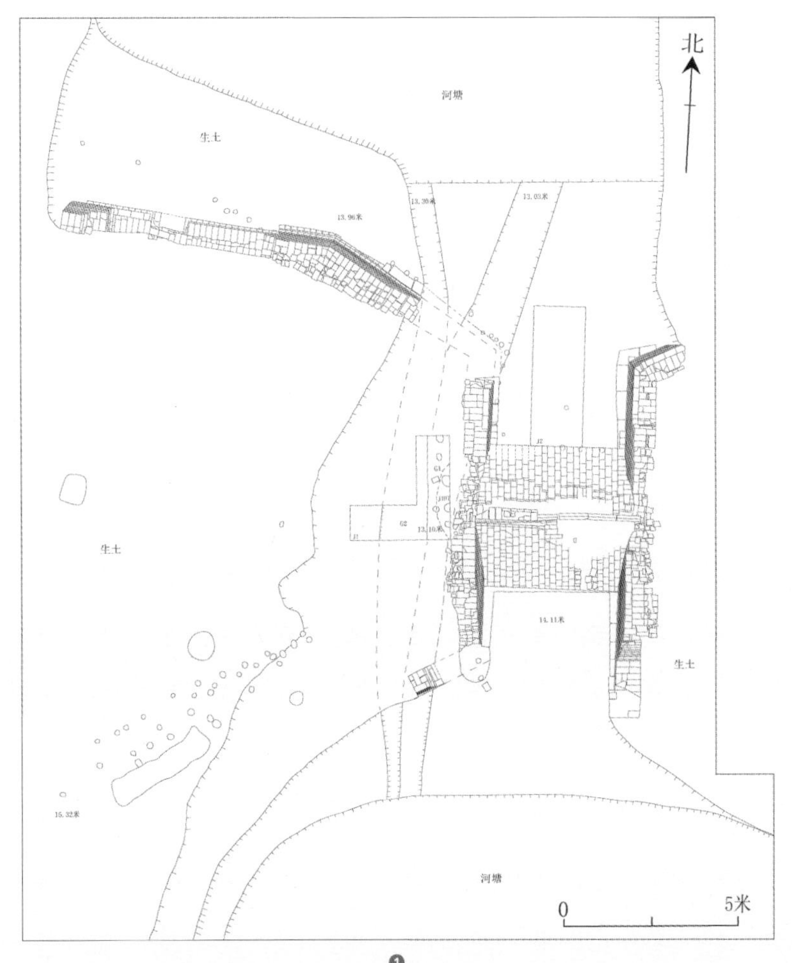


❶

❶ 桥堰遗迹总平面图（中国社会科学院考古研究所扬州考古队提供）

❷ 西门位置示意图

❸ 门道北侧外凸部分（西北—东南）

❹ 羊马城墙垣遗存形态及植被状况（东南—西北）

❺ 羊马城墙垣遗存上茶树种植区（北—南）

❻ 门道位置、桥堰位置（西北—东南）

❼ 月河北端（南—北）

❽ 羊马城（南—北）

❾ 西门（西—东）

❿ 西门区位置与顶视

3

4

5

6

7

8

9

10

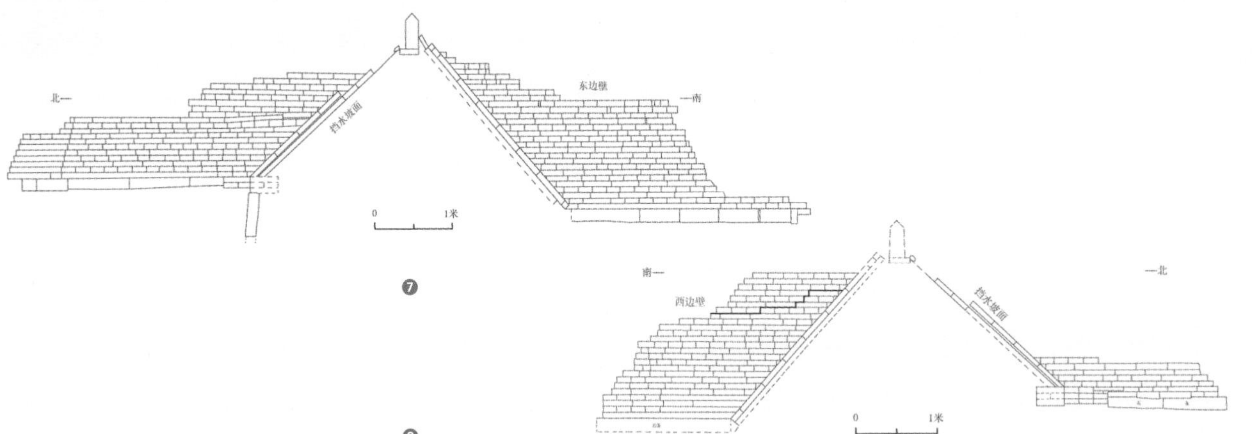


❶ 挡水坝遗迹（东北—西南）

❷ 挡水墙（南—北）

❸ 北侧挡水坡面（北—南）

❹ 西边壁北摆手及其西侧砖砌驳岸（西北—东南）

❺ 顶部侧立条石

❻ 东边壁及摆手

❼ 桥堰侧视（西—东）

❽ 桥堰侧视（东—西）

（图 1 ～图 8 为中国社会科学院考古研究所扬州考古队提供）

## 西门北至西河湾：桩号 A015 ～ A026 之间

由堡城路西门段向北直至西河湾拐角，坍塌堆积北侧边沿全长近600米。地表墙垣遗存（土垄）东西跨度基本在50米以上，高出外侧地表在5 ～ 10米；内侧高差相对小，一般在5米左右。据已发表的资料，该段包括了东周、汉、六朝、隋唐、南宋各阶段使用和加固证据，性质复杂、特征明显。遗址上地用类型复杂。由西门北行，其上主要为茶田。距西河湾约150米处，开始出现杂树、灌木；再北行则进入村落墓地范围。墓地由西向东横亘墙体及两侧坡地之上。根据2013年调查可知，西河湾自明末以来便是当地人使用的墓地。丧葬行为对墙垣坍塌堆积构成一定的破坏。其间有穿墙路径两条，形成城墙豁口。南侧局部宽度在5 ～ 6米，已经成为村路，北侧宽度约5米。在西河湾墙体内侧较为集中地分布着农庄和农地，不少菜地即开垦于墙体坍塌堆积的内侧边缘，影响墙垣夯土遗存。西墙垣遗存整体形态完整，外侧道路已按照“2013年方案”进行施工，对内侧民居、农地和鱼塘仍需进行控制。

保护与展示要求：（1）YZG2以南维持现有茶田，向北补栽；以北调整墙顶植被，清除构树、灌木。（2）整顿墙体内侧环境，严格控制墙体内侧农地、临时性建筑或人居扩建行为（见保护红线）。（3）对穿墙道路须进行保护处理。（4）迁移西河湾一带墓地，对墓坑进行回填处理。（5）对YZG2北剖面进行展示。

⑨ 西华门北至西河湾区位示意图）

⑩ 城垣茶田植被及西侧道路（北—南）

⑪ 景观树栽种现状（西南—东北）

⑫ 村路（南—北）

1
2
3
4
5
6
7
8
9

❶ 村路断面（北—南）

❷ 村落（南侧）两侧断面上植被（东—西）

❸ 墓地及局部相对高程（西南—东北）

❹ 北侧村路（西—东）

❺ 北侧村路两侧（东—西）

❻ 北侧村路南断面植被（东北—西南）

❼ 西河湾墙垣遗存内侧农地（南—北）

❽ 西河湾墙垣遗存内侧农地（北—南）

❾ 西河湾墙垣遗存内侧农地（南—北）

❿ 西河湾内侧墓地（南—北）

⓫ 西河湾墙垣遗存内侧植被状况(西南—东北）

⓬ 内侧用地分层（北—南）

⓭ 西北城角遗存外侧（西—东）

⓮ 西河湾墓地（东南—西北）

⓯ 墙垣外侧延伸态势（西北—东南）

⓰ 墙垣外侧延伸态势（西—东）

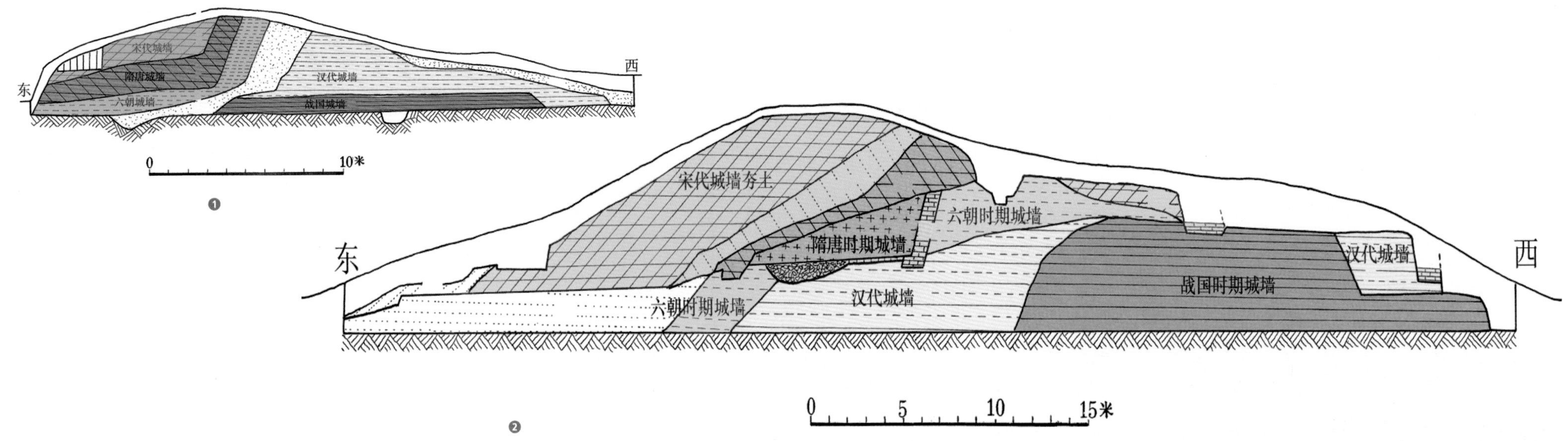


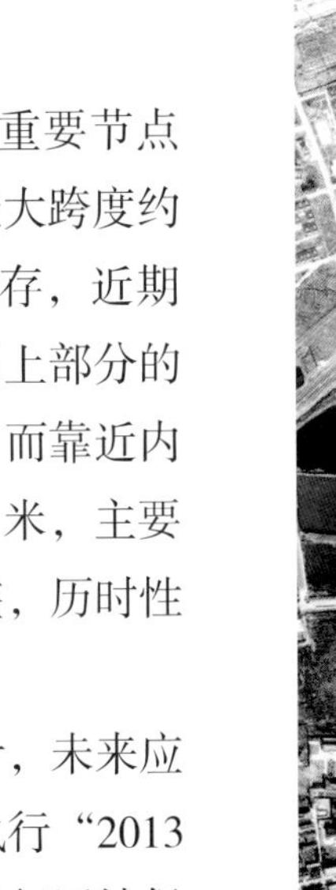

## 西河湾拐角（节点三）：桩号 A024 ~ A026 之间

西河湾处城墙西北拐角是本次城址保护与展示方案的重要节点之一。以地表坍塌堆积边沿勘测，墙体拐角西北—东南向最大跨度约78米。早期YZG1发现隋代江都宫西北拐角内侧包砖墙遗存，近期考古工作对西北城角外角进行了清理。现有城墙外角地表以上部分的拐角形态为两层台状，外侧一层为隋唐以来的坍塌堆积物，而靠近内侧的一层距坍塌堆积西北边沿约23米，整体标高约为27.5米，主要为南宋时期修筑的城墙外角遗存。该节点整体结构保存完整，历时性特征强。

保护与展示要求：本方案涉及西河湾区域为概念性设计，未来应在此基础上单独进行展示工程设计。其具体要求为：（1）执行“2013年方案”关于滨水道路设计的要求。（2）对考古发掘现场进行回填保护，调整植被。（3）建议未来依据考古发掘成果对隋唐城和宋代城的城墙外角，隋代城城墙的内角等本体展示进行深化工程设计。（4）迁移对景观和遗址展示构成影响的高压线。

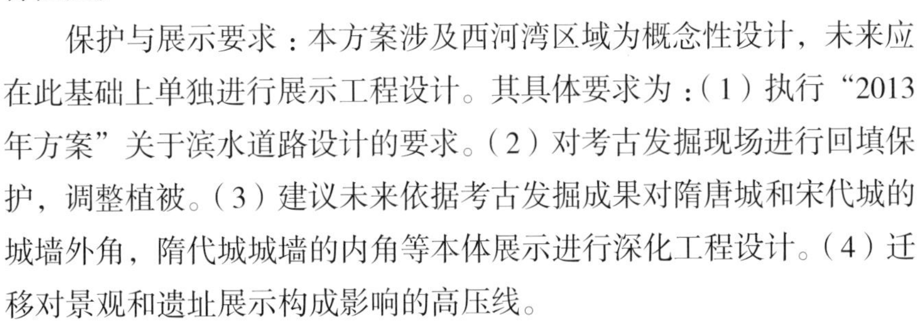

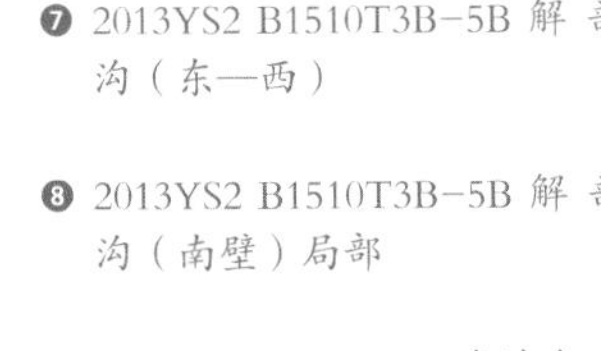

❶ 蜀岗上城址西城墙探沟YZG2南壁地层剖面图

❷ 蜀岗上城址西北城角探沟YZG1南壁地层剖面图

❸ 西河湾位置示意图

❹ 从护城河对岸看西北城角外侧（西北—东南）

❺ YZG1内侧暴露豁口（东—西）

❻ 植被纷乱状况（东南—西北）

❼ 2013YS2 B1510T3B-5B 解剖沟（东—西）

❽ 2013YS2 B1510T3B-5B 解剖沟（南壁）局部

❾ 2013YS2 B1509T5F 城墙包砖（西北—东南）

4

5

6

7

8

9

❶ 西河湾至“北门一”位置示意图
❷ 2013 年北墙体遗存状况（东北—西南）
❸ 小渔村现状（南—北）
❹ 小渔村东侧城墙遗存上的树坑（东—西）
❺ 小渔村北侧松林植被状况（南—北）
❻ 小渔村房屋保留现状（西—东）
❼ 局部植被状况（西—东）
❽ 局部植被状况（南—北）
❾ 西侧城墙豁口及道路（南—北）
❿ 西侧城墙豁口东侧墙垣遗存（西—东）
⓫ 东侧城墙豁口及道路（YZG3，南—北）
⓬ 东侧豁口城墙断面（东—西）
⓭ 东侧豁口城墙断面（西—东）
⓮ “北门一”西侧断面及植被（东—西）

## 西河湾至“北门一”：桩号 A026 ~ A035 之间

西河湾至“北门一”段墙体全长 604 米。该段墙体遗存跨度存在较大差异，由西往东小渔村处勘测跨度为 58 米，中部偏东侧勘测数据为 72 米，紧邻“北门一”水窦西侧墙体部分跨度则仅有 43 米。多数地段因现代构筑物破坏，现地表以上基本不见城墙本体；城墙留存相对高度较低，在 3 ~ 5 米。小渔村多处平房占压范围东西约 160 米，南北约 45 米；小渔村东侧厂房占压范围东西约 90 米，南北约 35 米。上述房屋均为当地自建民房，房屋基础极浅，破坏性弱，现在已大部分拆除。该区域遗存外侧主要为林场松林所占据，整体林相清晰、生长稳定；部分区域存在苗木移植形成的树坑，对遗址形成破坏。东段有两处城墙豁口，皆有小径穿过，现地表以上暴露墙体堆积高 1 ~ 3 米。

保护与展示要求：（1）原则上保持现有地貌，对于东侧地面以上的两个城墙豁口进行整治，其中依城墙走势修补东侧豁口（YZG3）。（2）改造小渔村现有建筑为服务设施，局部进行深化设计。（3）结合环境整治，在现有地形的基础上进行植被调整和场地深化设计。（4）对区域内的建筑垃圾进行清理，迁移近现代墓，拆除其他地面构筑物，对附近村落农业耕作应当予以控制。

2

3

4

5

6
7
8
9
10
11
12
13
14

❶ “北门一”位置示意图

❷ “北门一”全景（由西至东依次为水道、陆门和城墙）

## “北门一”（节点四）：桩号 A035 ~ A036 之间

“北门一”遗址发掘区面积约 1100 平方米，主要遗存为城门和水道，时代跨度为东周、汉、六朝、隋唐、南宋等几个阶段。整体保存较差，其中城门为陆门，仅残存门道东侧边壁和部分路土；水道大多残存为基础部分，其中东周时期的木构水道保存最好，较为完整。

保护与展示要求：（1）本方案为“北门一”的概念性展示设计。（2）未来根据考古成果进行专项设计。（3）建议对发掘现场采取保护性回填后，在现地表对城门和水道进行模拟展示。

❸ "北门一"发掘现场全景（西—东）

❹ "北门一"水道发掘现场（南—北）

❺ "北门一"陆门发掘现场（北—南）

❻ "北门一"陆门发掘现场（南—北）

## “北门一”至“北门二”（雷塘路）：桩号 A036 ~ A040 之间

此段东西长 240 余米，城墙本体及倒塌堆积走向呈“Z”字形，土垄整体形态较为清晰。其中，西段宽约 36 米，中部宽约 40 米，东段宽约 50 米，最窄处约 22 米；土垄局部最大高程约 22 米，高出周边地表 3 ~ 4 米。土垄有南北两处拐角，其中以北侧转角为界，其以南部分为多时期修筑遗存，以东部分为南宋时期所修筑。土垄上部地用现主要为苗圃，原有三处村落房屋已经被拆除。

保护与展示要求：（1）执行“2013 年方案”滨水道路施工要求。（2）回填考古发掘探方。（3）终止苗圃运营，调整植被。

## “北门二”（节点五）：桩号 A040 ~ A041 及 C001 ~ C005

“北门二”区域，包括主墙体、城门、主城壕、桥堰、羊马城和月河等几部分。（1）主墙体——门道（雷塘路）两侧（A040 ~ A041）墙垣遗存，呈现土垄状，南北宽约 40 米（实际墙体宽度应 12 米左右）。（2）城门——门道位置约与现在雷塘路重合，具体形态与结构不清楚。雷塘路穿越城门部位宽约 6 米，道路两侧遗存堆积南北约 56 米，残高约 2 米。“北门二”城门遗存堆积状况与西门类似，或应有建构筑物（如瓮城、门署或墩台等）。（3）羊马城——即原有资料所谓北门瓮城，现多为回民公墓占据。与西门相比，“北门二”外羊马城总体形态不够完整，现地表形态呈“贝壳”状，南北约 120 米，东西约 180 米，羊马城墙垣顶部高程约 22.5 米。除回民公墓外的地表植被主要为雪松和灌木，丧葬行为和植被根系对遗存有一定影响。（4）桥堰暂未发掘。

❶ “北门一”与“北门二”之间区域位置示意图

❷ “北门二”位置示意图

❸ “北门二”豁口（南—北）

❹ 回民公墓（西—东）

❺ “北门二”区域全景

保护与展示要求：本方案“北门二”区域为基于现状的概念性设计，具体要求为：(1) 基于“北门二”区域缺乏考古发掘资料支撑及回民公墓暂无法迁移的客观条件，该区域保护展示在维持现有地用条件不变的条件下适度进行环境整治和标识展示。(2) 执行“2013 年方案”关于滨水道路设计要求，暂保留雷塘路。(3) 羊马城区域暂维持墓地形态，进行环境整治和调整植被。(4)“北门二”门道采取临时性保护工程措施兼及展示效果设计，对城墙豁口两侧的断面采用砖体矮墙封护，以示意通道轮廓；清除暴露墙体断面上的构树等灌木及杂草，进行覆土封护处理。

❶ “北门二”至宝祐城东北角位置示意图

❷ 墙垣上房屋（南—北）

❸ 墙垣上墓葬（南—北）

## “北门二”至宝祐城东北角：桩号 A041 ~ A046 之间

此区域城墙本体及倒塌堆积形成的土垄东西长 257 米，南北宽 24 ~ 59 米，墙垣整体保存较为完好，结构特征尚较完整。依据东墙发掘资料，城墙本体宽度应为 12 米左右，其余部分应为倒塌堆积。土垄顶部高程通常为 22 米，其中东北拐角处城墙遗存高程达到 25 米，高出外侧坍塌堆积边缘约 5 米。目前城墙上有民房一处，墓葬若干（清代 1 座，其他为现代墓），其他区域为苗圃。

保护与展示要求：（1）执行 2013 年方案关于滨水栈道施工要求。（2）终止苗圃运营，调整植被，清除灌木杂草。（3）结合环境整治，拆除地面构筑物，迁移墓地。

❹ 墙垣上苗圃（西—东）
❺ 墙垣倒塌堆积边坡状况（北—南）
❻ 从护城河对面看宝祐城东北城角（西北—东南）
❼ 从护城河对面远眺宝祐城东北城角（东北—西南）

## 宝祐城东北角至堡城路：桩号 A046 ~ A059.5 之间

该段城墙遗存土垄南北长约 768 米（包括“东门一”区域），地表宽度 30 ~ 40 米，现状顶部高程一般在 22 米左右。依据 YZG6 发掘，土垄包括城墙本体及倒塌堆积两部分，其中城墙本体位于土垄西侧，宽约 12 米，残存夯土厚度约 4.4 米；东侧为倒塌堆积。该段城墙大部分为苗圃，其中南段部分近 200 米为厂房占压。

保护与展示要求：（1）执行“2013 年方案”滨水栈道及道路系统的设计要求。（2）终止苗圃运营，调整植被，清除灌木杂草，深化场地设计。（3）结合环境整治，拆除地面构筑物。（4）调整高压电线，减少视觉障碍。

❷

❸

❹

❶ 宝祐城东北角至堡城路段城墙区位示意图

❷ 2013 年从护城河对面看东城墙（东南—西北）

❸ 宝祐城东北角（东—西）

❹ 2013 年宝祐城东墙倒塌堆积外侧（北—南）

❺ 从护城河对岸远眺宝祐城东墙（东北—西南）

❻ 位于城墙顶部现状道路及植被（南—北）

❼ 现状道路外侧边坡（西北—东南）

❽ 道路内侧松林（东—西）

❾ 位于城墙顶部的高压线铁塔（南—北）

❿ 城墙外侧驳岸（北—南）

⓫ 现状道路（南—北）

## “东门一”（节点七）：桩号 A057 ~ A058 及 D001 ~ D004

该区域俗称东华门，结构包括主墙体、城门、主城壕、桥堰、羊马城、月河。（1）主墙体——宽度尚未明确。（2）城门——位置及形制尚未明确。（3）桥堰——已发掘，保存较差。（4）羊马城——整体约呈半月形，东西约 102 米，南北约 170 米。羊马城城垣遗存保存较差，地面以上断续存在两段，顶部高程最高约 20 米，高于周边地面 2 米。地面植被以苗圃为主，夹杂灌木，部分地带的近现代墓已迁移，存有墓坑。

保护与展示要求：本方案涉及东门区域为概念性设计，未来应在此基础上单独进行展示工程设计。具体要求为：（1）拆除占压城门及相关设施的地面构筑物。（2）对考古发掘出的桥堰遗存进行保护性回填处理。（3）结合环境整治对羊马城上的灌木杂草和垃圾等进行清除。（4）结合考古发掘成果在现地表对城门及桥堰等进行标识性展示。

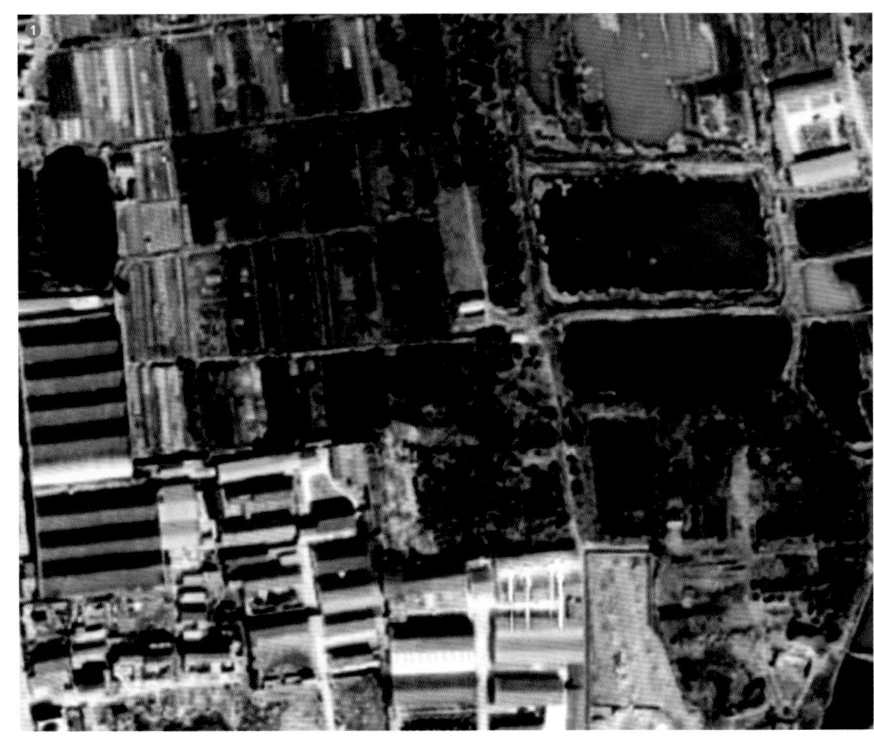

❶“东门一”区域全景

❷东门区位

❸ “东门一”东侧月河现状（南—北）

❹ 从月河对面远眺东门外羊马城（东—西）

❺ 东门羊马城城垣留存状况（东南—西北）

❻ 羊马城城垣及现代墓葬坑（南—北）

❼ “东门一”桥堰遗址发掘现场（西—东）

### 堡城路以南至“东门二”（相别桥）（节点八）：桩号A059.5 ~ A066

堡城路至相别桥段全长约318米，目前主要为“唐城人家”酒店所占压，北段近堡城路处有部分高出现地表的土垄。该土垄残存南北长约15米，东西宽约30米，YZG7位于该土垄北段；南段有长70米左右的地表土垄形态位于“唐城人家”院落中，地表留存宽度约25米，高程约21米，现为林木所占压。

保护与展示要求：该区域定位为城墙本体保护展示与服务设施相结合，具体要求：（1）结合“2013年方案”基本策略对城墙及其两侧水域进行深化设计。（2）通过考古工作确认城墙本体范围，拆除占压城墙的地面构筑物，清除杂草和灌木，结合场地建设生态型停车场。（3）改造南端现有建筑为园区服务设施。

2

1

3

❶ 区位

❷ 唐城人家院内广场（南—北）

❸ 墙垣遗存北端暴露断面（北—南）

❹ 堡城路南侧墙体地表残余状况（北—南）

❺ 墙垣遗存上植被覆盖状况（东—西）

❻ 墙垣东侧现状道路（南—北）

❼ 唐城人家建筑占压墙体情况（南—北）

❽ 房屋占压墙垣遗存状况（北—南）

❾ 墙垣被建筑破坏状况（北—南）

### 西门外羊马城与平山堂城之间的遗存：桩号 E001 ~ E011

该区域南北总长约 740 米，南段现为烈士陵园，北段为本方案设计范围。其中，南自烈士陵园北墙，北至西门外羊马城城垣南侧，南北长约 300 米，东西宽约 110 米，海拔高程 21 ~ 25 米，南高北低。该区域功能初步推测为南宋时期修建的连接宋宝城西门与平山堂城的军事构筑物。遗存的形态与结构尚不清楚，其东西两侧均为护城河。现地表存有数处民房及农地和苗圃。

保护与展示要求：(1) 进行考古工作，了解遗存的形制及保存状况。(2) 改造部分现有建筑为园区管理服务设施，结合环境整治拆除拟保留外的其他地面构筑物。(3) 终止苗圃运营和耕作活动，调整植被，清除灌木和杂草，深化场地设计。

2

1

3

4

5

6

7

❶ 区位

❷ 厂房建筑占地（南—北）

❸ 现状道路与围墙（北—南）

❹ 景观植被（东—西）

❺ 西侧围墙（东—西）

❻ 顶部农地（西—东）

❼ 北侧建筑占压状况（西—东）

# 2.2 病害评估：病害位置、成因及保护措施

## 遗址破坏因素分类

遗址的主要病害类型包括自然和人为（社会）两大类别。其中自然破坏主要包括：片状剥蚀、掏蚀、裂隙缝、冲沟、雨蚀、生物破坏。人为破坏因素主要包括“历史破坏”和“近现代破坏”两类。遗址范围内所发生的“历史破坏”与“近现代破坏”，主要是发生在墙体上的农业垦殖、茶田种植、饲养、丧葬、林业种植、道路、房屋构筑以及未回填的考古发掘探沟（垮塌）。这些行为均曾对墙体的基本形态构成影响，且具有很强的延续性，近十几年基本是一贯的（“2013 年方案”对这一区域的农业渔业活动有所述及）。在生物破坏的各因素中，主要来自于植物根系和局部暴露面出现的苔藓（如西华门水堰），其中除了杂草与构树之外，多数为近几十年人工种植，特别是雪松等经济林木。遗址分布区的环境实际上已经是高度的人工化环境，野生动物数量极少，故动物破坏因素是极为有限的。在常见的其他自然破坏因素当中，冲沟、裂隙缝、掏蚀均非本次勘察所遇到的破坏因素。而在通常所见到的剥蚀破坏中，裂隙剥蚀、风蚀等因墙体植被覆盖率极高而很少出现；部分暴露断面可能会出现局部的雨蚀现象，且应当与人为破坏和植被根系协同作用。

## 对遗址破坏因素的基本对策和反应程度

根据排查，扬州蜀岗古城墙垣勘测部分的病害多系社会动因所致，即便是自然成因的，也往往以社会因素为诱因。墙垣已经在长期的社会生活中与植被形成了稳定的相互关系，植物根系下扎深度较大，已经对遗址构成了影响。但当地潮湿多雨（扬州年降雨量在 961 ~ 1048 毫米），故对墙体上覆盖的植被不应当采取简单的清除措施，而应当尽可能在维持整体植被覆盖稳定状态的基础上进行调节，以便发挥其稳固土壤的基本作用。对于在大面积暴露断面处已经形成较为严重负面影响的植被根系，应当限制其破坏作用；同时，还要兼顾遗址公园的景观效果。此外，如墓葬、房屋等基本设施的移除是需要一定社会条件的，基于本次对遗址和村落关系的调查，较为可行的应对策略是“缓解和限制村落人居与生产对于墙垣的影响”，而完全迁除已经形成的村落设施并不一定合理，也很难实现。故对于遗址破坏因素的治理应遵循以下三个原则：其一，维持现有植被对保护的有利作用。其二，控制人居活动的变化与影响，不应当“反应过度”。其三，在病害压力较大的局部节点，采取有针对性的病害处置方式。以下分别根据主导成因进行分类区划辨析并提出病害处置对策。

### 回填探沟

本次保护设计墙垣范围内分布着大大小小近 30 条探沟。这些探沟，如 YZG1 则从 20 世纪 80 年代以来一直处于暴露状态。探沟的垮塌对遗址保护影响严重。据此，应将所有已经完工的发掘探沟悉数回填。

### 对植被的维持、调整与控制

植被引发的破坏主要为林木根系直接下扎进入土体所引发土体破坏。其影响程度与范围，主要依植物种属、种植面积、生长程度等因素而变化。目前园区内出现的主要植物大致有三类：其一，林场或苗圃所种植的雪松、香樟、桂树、紫叶李和紫薇等。其二，自然生长的构树、灌木及杂草。其三，农家种植的茶园及蔬菜作物。植被影响可以分为两类：其一，各时期墙垣坍塌堆积上的植被根系影响；其二，暴露断面上的植被影响。在具体考虑植被对遗址的影响时，除了根系影响之外，还应考虑到茎叶覆盖度、生长成活条件、采摘影响、植株高度、多年生及景观效果等基本特征。

### 植物对断面的影响

亟待解决的此类问题主要发生在墙体遗存的暴露断面上，均为过墙豁口所引发。其具体位置包括：（1）D1——观音山北侧西墙垣坍塌遗存暴露面一面；（2）D2、D3——西门门道南北两侧两面；（3）D4、D5——西门外瓮城出口断面南北两面；（4）D6、D7——西门以北西墙垣上东西向孔道；（4）D8、D9——西墙垣北侧墙体上探沟 YZG2；（5）D10、D11——北墙垣上小渔村东侧道路；（6）D12、D13——雷塘路北城垣门道两面；（7）D16——唐城人家内断面 1 处。上述共 7 处，合计 16 个露面单体，需要采取保护处理。

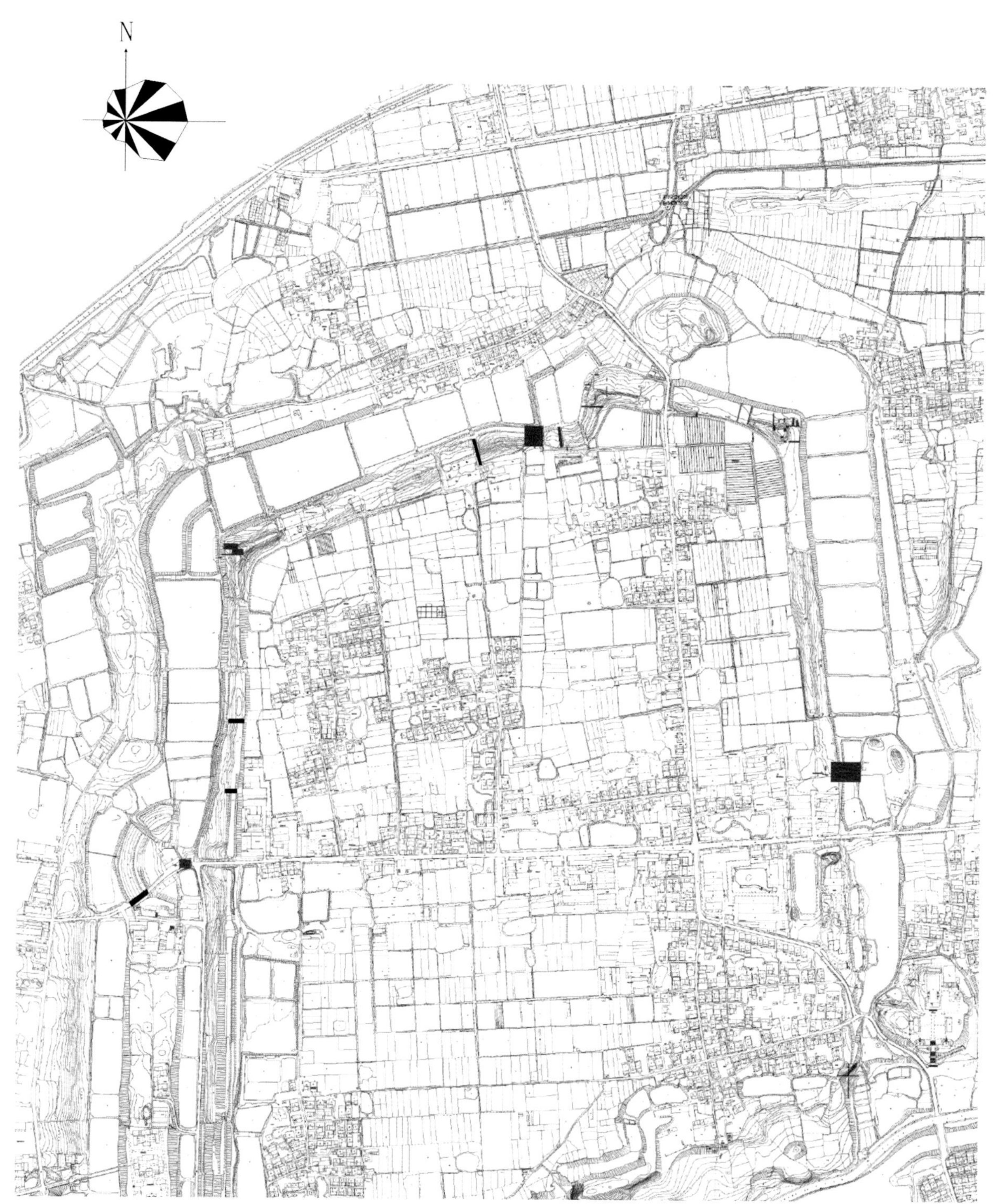


❶ 考古发掘探方（沟）保护性回填及墙体现状豁口封堵修补位置示意图

❶ 保护与展示断面位置分配谱表

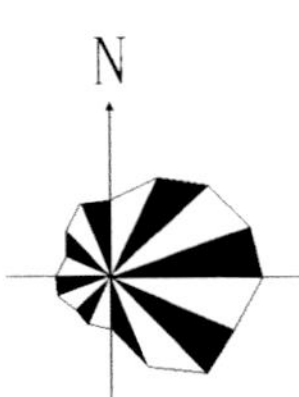

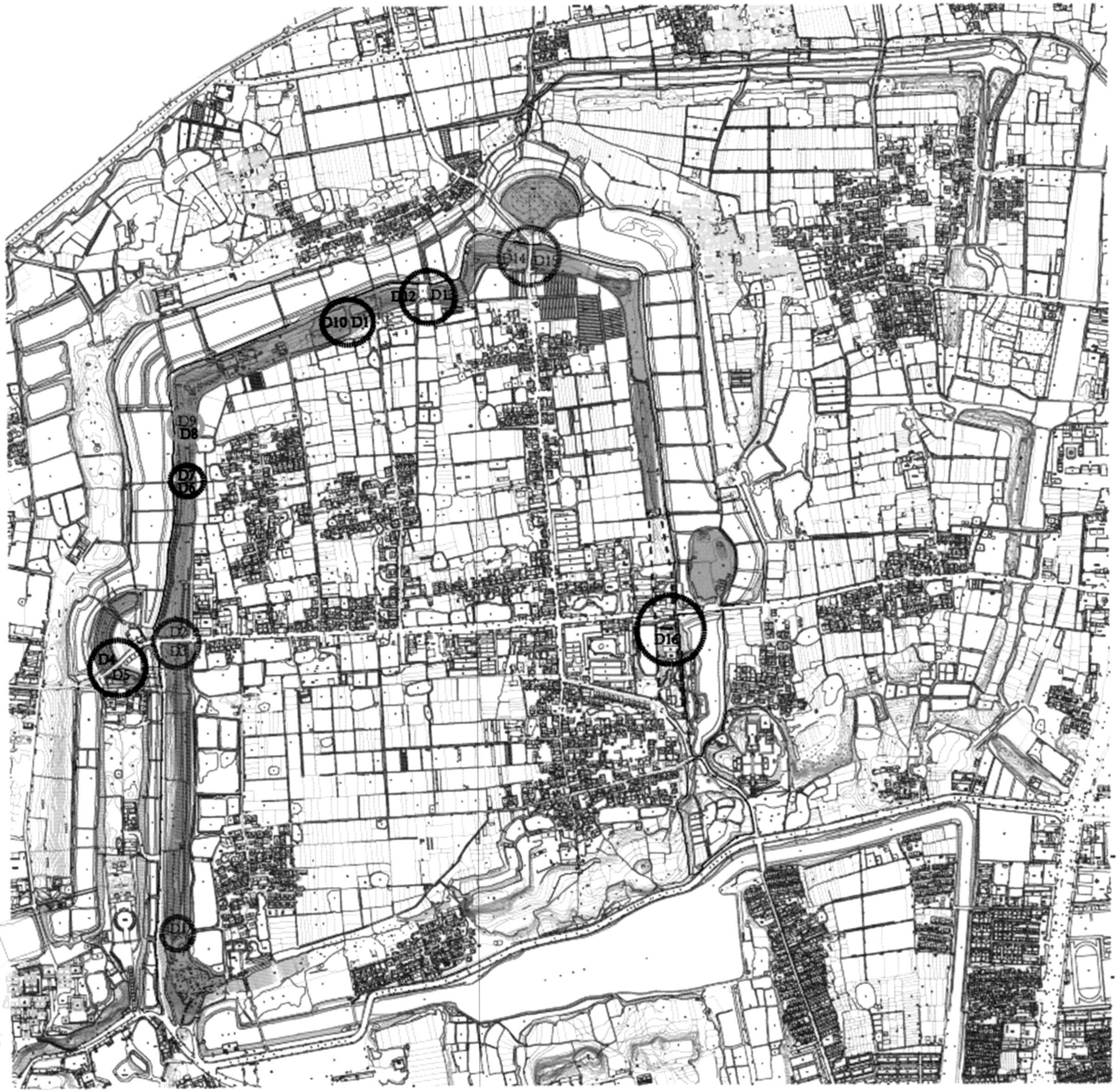

- 有展示要求的城墙断面及豁口
- 无展示要求的城墙断面及豁口
- 有展示需求的断面和无展示需求的断面共存的豁口

城墙植被控制原则

表 2—1

| 区段编号 | 优势植物 | 覆盖度（%） | 根系状况 | 采摘影响 | 长势 | 有利因素 | 破坏与保护问题 | 景观效果 | 处置建议 |
|---|---|---|---|---|---|---|---|---|---|
| A001 ~ A014 | 顶部：雪松；<br>中部：茶树；<br>两侧：构树、灌木 | 堆积顶部近 100；堆积根部无种植 | 茶树为木本植物，根系下扎深度一般在 100 厘米内。雪松，浅根系，深度约 2 米 | 茶树采摘对遗址可能构成影响 | 均匀、旺盛 | 稳固土壤，有效缓解雨水冲蚀 | 植被破坏作用较小。但两侧边坡近底处植被种植较为混乱，局部固土效果差 | 茶树植株高度约 50 厘米，层次感强，适于墙垣展示。雪松植株高度约 10 米。层次感较强 | 维持现有茶园和雪松，在两侧边坡近堆积底部处可采用浅根系草本植被进行保护 |
| A015 ~ A023 | 顶部：雪松；<br>中部：茶树；<br>两侧：构树、灌木 | 堆积顶部近 100；堆积根部无种植 | 茶树为木本植物，根系下扎深度一般在 100 厘米内。雪松，浅根系，深度约 2 米 | 茶树采摘对遗址可能构成影响 | 均匀、旺盛 | 稳固土壤，有效缓解雨水冲蚀 | 植被破坏作用较小。但两侧边坡近底处植被种植较为混乱，局部固土效果差 | 茶树植株高度约 50 厘米，层次感强，适于墙垣展示。雪松植株高度约 10 米。层次感较强 | 维持现有茶园和雪松，在两侧边坡近堆积底部处可采用浅根系草本植被进行保护 |
| A023 ~ A025 | 外侧：杂草、灌木、构树；<br>内侧：灌木、蔬菜 | 近 90 | 构树根系深度约在 60 厘米。灌木根系深度约 20 ~ 70 厘米。杂草根系深度均小于 50 厘米 | 无 | 杂乱，旺盛 | 稳固土壤，有效缓解雨水冲蚀 | 较小 | 构树植株高度一般在 150 ~ 200 厘米。层次感极差。严重影响展示效果 | 该区域为墓葬区。整体景观风貌较差，植被参差不齐，在尽量减轻遗存影响的前提下，应考虑进行植被调整 |
| A025 ~ A026 | 发掘区，裸土无植被，墙体遗存内侧有蔬菜作物 | 发掘已将植被去掉 | — | — | — | — | 该部分将作为重要展示节点。裸土保护压力较大 | — | 应结合西北城角节点展示设计重新构建覆土与植被保护系统 |
| A025 ~ A029 | 服务区，原有房屋已经拆除，在墙垣北侧为松林。南侧主要多见构树、灌木等植物。被拆除区域已无植被覆盖 | 约 55 | 雪松，浅根系深约 2 米 | 无 | 杂乱，旺盛 | 目前民房拆除后，植被保护效果有所减弱 | 种植密度较低，覆盖率低，墙垣南北两侧尤甚 | 局部出现林木空白，土垄形态不突出 | 在服务区设计中重新构造局部植被系统，局部园林化，近边坡处可考虑适当种植固土的草本植物 |
| A029 ~ A035 | 雪松、香樟；近外侧道路处种植朴树、梅花、大花金鸡菊等 | 约 70 | 雪松，浅根系深约 2 米。香樟树，深根，至少 2 米以上 | 砍伐有较大影响 | 林相整齐 | 植被覆盖率高，根系稳定，固土作用明显 | 林木取材对遗存造成较为严重的破坏 | 林木高度有效弥补了这一区域土垄的低矮和圆平。外侧种植朴树、梅花等。对墙垣遗存形态有一定遮挡影响 | 维持林相稳定，避免林木砍伐。降低外侧园林种植植株高度 |

## 城墙植被控制原则

续表 2—1

| 区段编号 | 优势植物 | 覆盖度（%） | 根系状况 | 采摘影响 | 长势 | 有利因素 | 破坏与保护问题 | 景观效果 | 处置建议 |
|---|---|---|---|---|---|---|---|---|---|
| A036 ~ A040 | 外侧：雪松（坡上）、乌桕（园）、香樟（园）、法桐（园）、构树；<br>内侧（苗圃）：香樟、广玉兰、紫薇、冬青 | 约 90 | 构树根系深度约在 60 厘米。灌木根系深度约 20 ~ 70 厘米。种植作物根系深度均小于 50 厘米。内侧苗圃种植树种一般根系较为发达 | 作物种植行为或对遗址构成一定影响 | 杂乱、旺盛 | 覆盖率较高，固土作用较为明显 | 该区域房屋已经拆除，相伴的农业用地应进行保护性绿化 | 整体层次感偏弱。墙体感不鲜明 | 维持现有雪松，应采用草本植物进行补充绿化和墙体内侧护坡 |
| A041 ~ A045 | 外侧：旱芦苇、雪松、构树、香樟；<br>内侧（苗圃）：桂树、冬青、散尾葵、广玉兰、罗汉松、紫叶李、紫薇 | 约 80 | 雪松等浅根系植物，根系深度 50 ~ 200 厘米不等。其余植被根系相对发达 | 作物种植行为或对遗址构成一定影响 | 杂乱、旺盛 | 覆盖率较高，固土作用较为明显 | 边坡保护植被分布不均 | 整体层次感偏弱。墙体感不明显 | 维持现有雪松和其他浅根系植物。采用草本植物进行边坡加固 |
| A046 ~ A055 | 内侧：雪松；<br>外侧：香樟、桂树、紫叶李、紫薇、构树、琵琶、散尾葵、冬青 | 30 | 均为浅根系植物，根系深度 50 ~ 200 厘米不等 | 作物种植行为或对遗址构成一定影响 | 杂乱、旺盛 | 覆盖度低，固土作用不明显 | 边坡保护植被分布不均 | 整体层次感偏弱。墙体感不明显 | 应考虑进行植被调整，将雪松调整至外侧倒塌堆积一线，并采用草本植物保护边坡 |
| A060 ~ A066 | 构树、灌木 | 30 | 均为浅根系植物，根系深度 50 ~ 200 厘米不等 | 无 | 杂乱、旺盛 | 覆盖度低。固土作用不明显 | 边坡保护植被分布较少 | 层次感极差 | 房屋占压破坏严重，余下空间植被生长混乱。应进行边坡保护，结合唐城人家内部整治方案采用草本植物植被保护处理 |
| E001 ~ E011 | 雪松、香樟、灌木、杂草、蔬菜作物等 | 30 | 构树根系深度约 60 厘米；灌木根系深度 20 ~ 70 厘米；种植作物根系深度均小于 50 厘米；内侧苗圃种植树种一般根系较为发达 | 蔬菜作物存在一定的采集频率，但对遗存不构成影响 | 杂乱 | 覆盖度低，固土作用不明显 | 遗存东侧原为坡地，布满植被，后由于城壕疏浚环境治理，而清理掉一部分杂树；西侧为城壕边坡，存在较为茂盛的林木；目前边坡护理压力较小 | 层次感极差 | 结合区域环境整治需求，清理杂树，提高植被层次感 |

## 植物对断面影响分析

表 2—2

| 编号 | 位置 | 病害成因类型 | 位置 | 现空间状况 | 暴露或处置范围 | 景观现状 | 保护处理措施 |
|---|---|---|---|---|---|---|---|
| D1 | A001 处 | 构树植物根系下扎根劈效应显著、易造成崩塌 | 观音山北侧 | 西墙垣遗存断面 | 长约 20 米，高 2 ~ 3 米 | 表面构树过于茂盛，断面不清晰，墙垣土垄形态不明显 | 应结合展示需求，清除构树下扎根系，素土封护，建低矮护坡砖墙 |
| D2 ~ D3 | A014 ~ A015 | 刺槐、构树根系生长在边坡上，下扎根劈效应显著，易造成崩塌 | 西门道路过主墙垣处 | 西墙门道，外对瓮城 | 北侧 D2，76 米长；南侧 D3，67 米长 | 表面构树过于茂盛，断面不清晰，墙垣土垄形态不明显 | 应结合展示需求，清除构树下扎根系，素土封护，建低矮护坡砖墙或采用草本植物对边坡进行护理 |
| D4 ~ D5 | B002 处 | 刺槐、樟树、构树、桂树等植物根系下扎根劈效应显著、易造成崩塌 | 西华门外出羊马城处 | 疑为瓮城门道 | 北侧 D5，48 米长；南侧 D6，58 米长 | 表面构树过于茂盛，断面不清晰，墙垣土垄形态不明显 | 清除构树下扎根系，覆土封护，种植地被封护边坡。南侧断面顶部为建筑占压，应结合该区域建构筑物整治计划重新构造边坡植被保护系统 |
| D6 ~ D7 | A019 ~ A021 | 松树、构树等植物根系下扎，人为破坏等 | 目前基本均用作村路 | 村路或探沟未经回填 | 长度一般约 50 米，两侧暴露面一般在 3 ~ 5 米 | 均为人为构筑的通道。对墙垣遗存构成破坏 | 路径两侧断面进行根系处理、素土封护后，改变现有道路为曲线，消除“门道”误解 |
| D8 ~ D9 | A023 ~ A024 | 松树、构树等植物根系下扎，人为破坏等 | 目前基本均用作村路 | 村路或探沟未经回填 | 长度一般约 50 米，两侧暴露面一般在 3 ~ 5 米 | 为早期探沟 YZG2 所形成的过墙豁口 | 北侧剖面结合局部城角展示需求进行展示利用。南侧剖面应进行植物根系处置，调整植被 |
| D10 ~ D11 | A032 处 | 松树、构树等植物根系下扎，人为破坏等 | 北墙小渔村以东 | 村路 | 长度约 62 米，暴露面高度 1.5 ~ 3 米 | 人为构筑的通道。对墙垣遗存构成破坏 | 清除两壁乔木根系与灌木杂草后。结合小渔村东侧环境整治优化局部环境 |
| D12 ~ D13 | A033 ~ A034 | 过度暴露，目前表面植被覆盖度过低，引发雨蚀，人为破坏等 | “北门一”两侧 | 墙体豁口 | 暴露断面高约 5 ~ 6 米，跨度东侧约 37 米，西侧约 42 米 | “北门一”两侧墙体暴露断面 | 清除两壁乔木根系与灌木杂草，对墙垣暴露面进行覆土封护。采用草本植物进行边坡保护。未来结合“北门一”深化设计进行展示利用 |
| D14 ~ D15 | A040 ~ A041 | 构树、香樟、广玉兰、旱芦苇等植物根系下扎，造成局部出现根劈效应 | 雷塘路出北墙处 | 应为原有墙垣北出通道 | 长度约 65 米，暴露面高度 1.5 ~ 3 米 | 表面构树过于茂盛，断面不清晰，墙垣土垄形态不明显 | 结合展示要求，清除构树下扎根系，覆土封护，包砖示意门道意象 |
| D16 | A060 处 | 构树等植物根系下扎，造成局部出现根劈效应 | 堡城路以南的唐城人家院内北部 | 东墙南部断面 | 暴露长度约 30 米，高度约 1.5 ~ 3 米 | 表面构树过于茂盛，断面不清晰，墙垣土垄形态不明显 | 清除构树下扎根系，覆土封护。可采用草本植物进行边坡护理。远期可考虑进行展示设计 |

## 生产、生活影响与压力缓解

人为成因主要为遗址周边村落宅基地、农用、丧葬和其他经济行为所导致的对于遗址留存的破坏。在本次勘察工作的过程中所发现的此类现象以墙垣内侧的部分为主，如：(1)农地——自观音山以北至西河湾拐角的墙垣内侧再至李庄以北区域的农业耕作即有较大的外扩倾向，不少已经种植在墙垣坍塌堆积的坡上。(2)墓葬——其他又如西河湾较为集中的墓葬区域、回民公墓以及北墙上的墓葬区域。(3)民居——在小渔村及其以东共计4处居民点和工厂占压城垣。(4)林场——小渔村东侧松林林场的砍伐破坏。(5)苗圃——北墙上的苗圃种植园。上述区段和地点，须采取压力缓解措施。"2013年方案"中，为保护墙体遗存外侧不受护城河疏浚工程影响，设立了外侧保护基线。本次方案，为了缓解上述墙垣遗存内侧的生活、生产压力，兹订立内侧保护基线（参见图则）。订立原则为，居于现有墙垣遗存夯土边沿线外放5米构筑缓冲区域。此范围以内严格控制土地使用形式，禁止非保护与展示之外的其他土地使用方式。

**遗址压力控制建议**

表2—3

| 位置 | 压力类型 | 位置 | 空间含义 | 暴露或处置范围 | 保护处理措施 |
|---|---|---|---|---|---|
| A001 ~ A026 东侧 | 农业侵占 | 观音山北至西河湾墙内一线 | 西墙垣坍塌堆积内侧 | 万家庄以西一线，至前庄以西，至西河湾村西侧。全长约1.2千米 | 严格界定夯土基线以内为禁耕区域 |
| A026 ~ A029 内侧 | 农业侵占 | 西河湾至李庄一线 | 北墙坍塌堆积内侧 | 西河湾村北侧菜园至李庄北侧农地 | 严格界定夯土基线以内为禁耕区域 |
| A023 ~ A025 两侧 | 墓地侵占 | 西河湾墓地 | 西墙垣坍塌堆积 | 西河湾村西侧墙垣拐角南侧；东西约90米、南北约120米 | 迁除 |
| C001 ~ C005 间 | 墓地侵占 | 回民公墓 | 北瓮城 | 东西分布约180米，南北约130米 | 基于多种原因无法实现迁葬，但应开始严格限制新墓葬的埋入；对已经形成的杂草、构树、灌木进行剪除 |
| A042 ~ A045 内侧 | 墓地侵占 | 北墙墓地 | 北墙垣 | 雷塘路以东墙垣一线至东北拐角 | 对零星分布的墓葬采取迁葬 |
| A026 ~ A045 间 | 房屋侵占 | 北墙上共计4处 | 北墙垣 | 西河湾至东北角一线，北墙上 | 沿用房屋基址，进行整修 |
| A029 ~ A032 间 | 林场侵占 | 北墙上小渔村 | 北墙垣 | 北墙上延续近400米 | 严格限制木材砍伐 |
| A042 ~ A044 间 | 苗圃侵占 | 雷塘路以东北墙上 | 北墙垣 | 雷塘路以东北墙上延续近100米 | 严格控制种植种属，限制种植面积 |

注：K1万家庄以西鱼塘开辟较早，已经侵占部分坍塌堆积。应对这一系列行为严格控制。

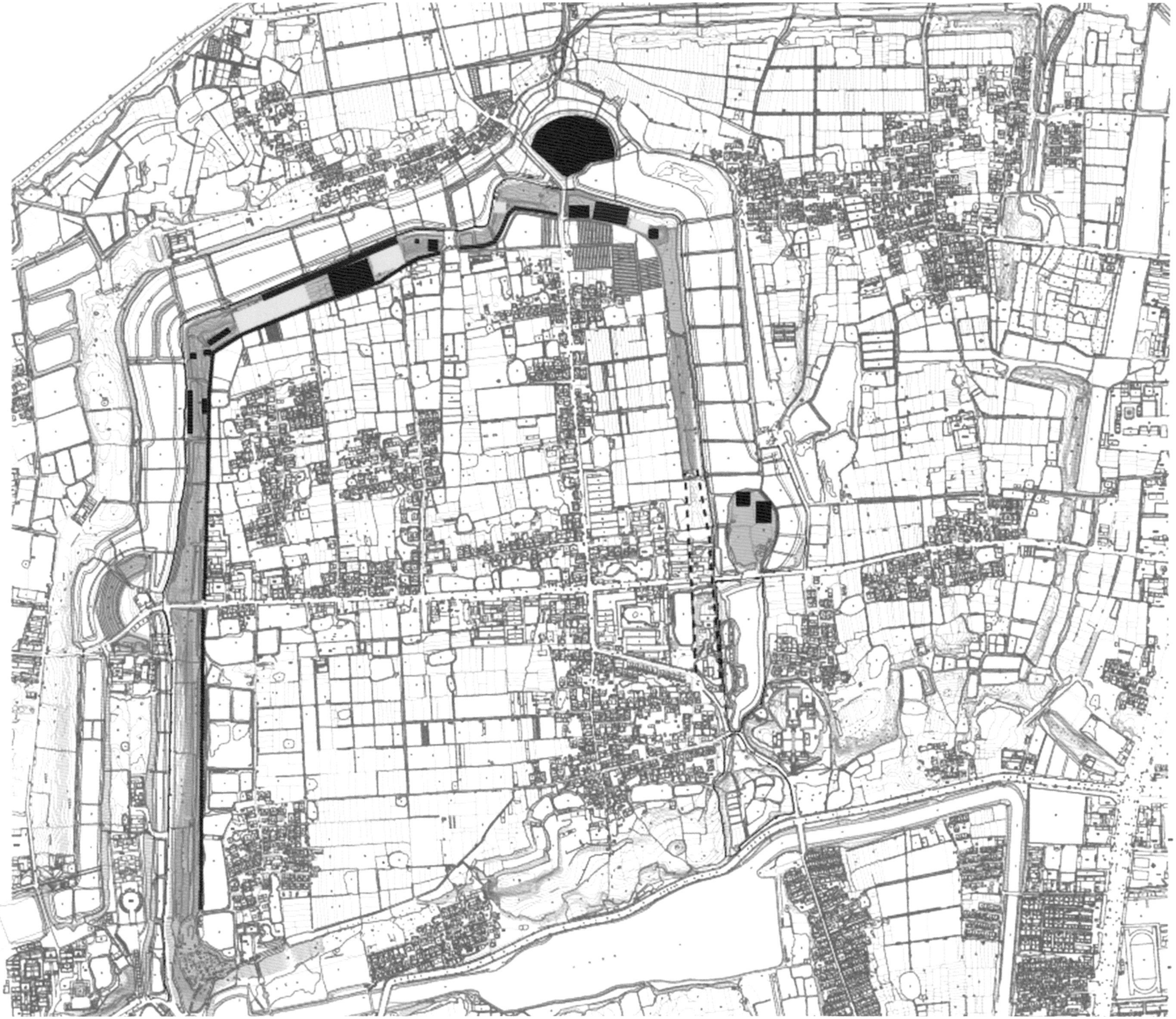

❶ 地用压力缓解位置示意图

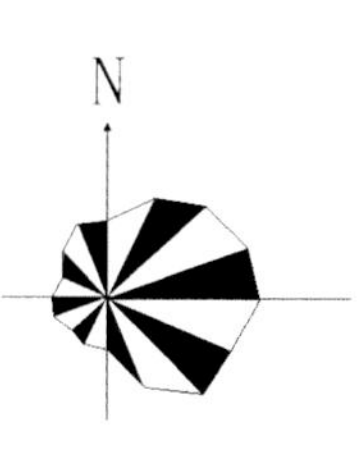


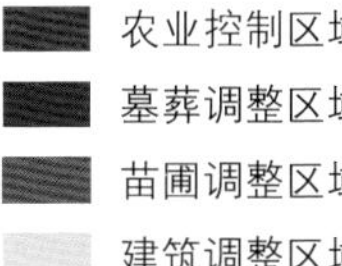

# 2.3 展示评估

本次勘察设计的主要对象为墙垣、瓮城及城角遗存。“2012 方案”与“2013 方案”对蜀岗城址的基本展示设计理念进行了说明。本次城垣保护设计方案系前述方案的延续。现以勘察研究为基础，对城垣展示的内容、基本条件以及要求陈述如下。

## 考古资源空间展示条件及内容

### 南宋与南宋以前各阶段遗存的展示对象、空间所指与展示条件

据 2012 年《扬州城国家考古遗址公园·唐子城·宋宝城城垣及护城河保护展示设计方案》，本次勘察设计的主要对象应是针对“城域空间”（2 级）以下级别的功能区（3 级）、墙垣（4 级）及建构筑物节点（5 级）所承载的历史空间进行设计，以此明确城域的具体范畴、轮廓、功能并传达历史空间感受。根据 2012、2013 年勘测及考古资料梳理可知，现有地上城垣遗存的主体形态系南宋蜀岗上古城完全“军事化”以后的遗存。根据遗址形成过程的顺序逻辑，在平面空间上最为突出的部分应当是晚期的地表遗存结构。总体上，这些部分的结构构成了扬州城蜀岗古城遗址在城域空间层次上的基本框架。其余更早年代的考古遗存在不同区位有不同程度的反映。此次勘察设计的宝祐城东墙垣（A46 ~ A66 段）和雷塘路以东的宝祐城北墙垣（A041 ~ A046 段）为南宋时期所筑，故在年代框架上完全不具备展示其他年代城址地用状况的可能性。相似的情况还包括三处门区羊马城的地表结构，即西门羊马城（B001 ~ B006）、“北门二”羊马城（C001 ~ C005）和东门羊马城（D001 ~ D004）。具备展示其他年代用途证据的遗址本体只有西墙垣坍塌堆积和北墙垣在雷塘路以西的堆积部分（A001 ~ A040）。

### 建构筑物单体空间层级展示内容：门区【3】

门区为蜀岗上城内外沟通的主要区域。在考古资源规划系统内归入 3 级空间层次，即功能区层级。本次保护展示设计项目所牵涉的蜀岗上城址门区至少包括：北墙垣上两处门区（“北门一”与“北门二”）、东墙垣上一处门区及西墙垣上一处门区。门区承载交通任务和防守压力，其结构已经超越单体建筑的范畴。一套完整的南宋时期门区系统应包括：主墙体、城门道及两侧构筑物、城门外壖（即墙垣一线与主城壕之间的间隔缓冲隙地）、桥堰、主城壕、羊马城内侧区域、羊马城城垣及垣上门道、羊马城垣外侧壖、桥、月河等十余项结构单体。目前，“北门二”、“西门”、“东门一”在结构上应大致与此结构近似。但由于认知深度差异较大，在表现这一完整空间主题的潜力上各门址区域有较大差异。其中“东门一”、“北门一”和“西门”最具潜力，“北门二”次之。

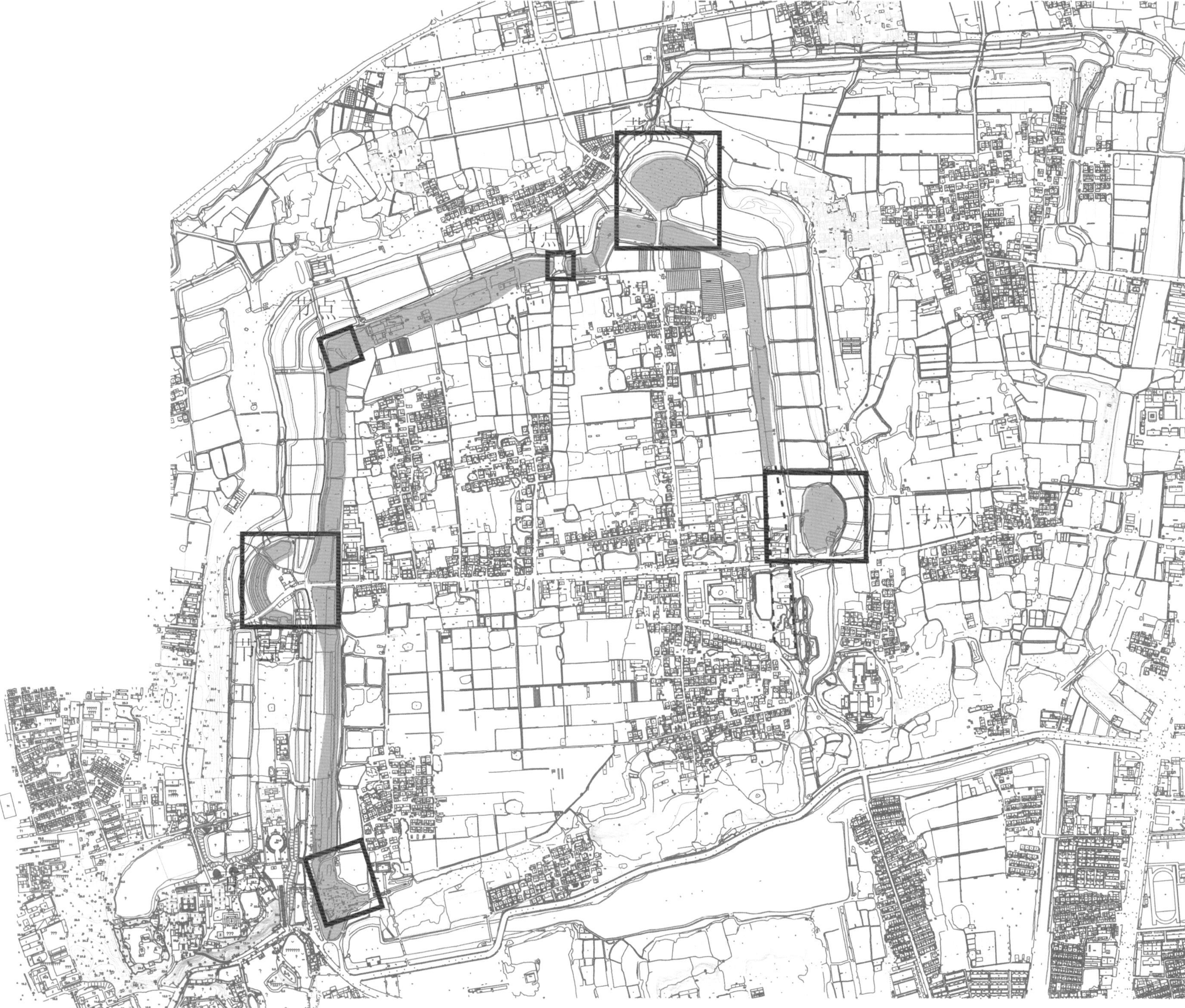


❶ 展示节点分布示平面图

表 2-4 为“西门”区域的展示潜力评估内容：表现南宋末期多重城壕的防御系统（展示节点二）。

“西门”区域展示潜力评估内容

表 2—4

| 遗存性质 | 段落编号 | 空间层级 | 发育时间 | 废弃时间 | 结构及轮廓形态 | 展示目的 | 保存状况 | 空间主题与展示潜力 | 环境、场景及展示要求 |
|---|---|---|---|---|---|---|---|---|---|
| 主墙体遗存 | A012 ~ A017 | 5 | 东周—南宋 | 宋元之际 | 较清晰、完整 | 西门区主城垣遗存体量，相对高程，跨度 | 较完整 | 主墙体：具备轮廓展示潜力 | 维持茶田，调整墙垣遗存上部植被层次感，强化内外边坡保护地用控制及植被保护系统；借助外侧道路形成线性感 |
| 城门道位置 | A014 ~ A015 | 5 | 南宋 | 宋元之际 | 结构完全破坏，线性廊道位置准确 | 西门主门道长度，位置 | 结构无存 | 门道：不具备轮廓展示潜力，不具备结构展示潜力 | 保护门道两侧暴露墙垣遗存断面（见前文），建立展示说明系统，明确南宋时期道路高程及空间功能 |
| 门道两侧构筑物遗存 | A013 ~ A016 | 5 | 南宋 | 宋元之际 | 遗存为外凸的倒塌堆积，具体结构参数不详 | 门道两侧构筑物体量 | 尚不十分明确 | 军事设施，性质尚不清楚（或为门署、瓮城、门楼墩台等）：具备轮廓展示潜力，不具备结构展示潜力 | 在调整顶部植被的基础上，使用仿砖对外凸部分轮廓进行标识；整治局部环境卫生 |
| 城门外堧 | 西华路下压 | 5 | 南宋 | 宋元之际 | 不明 | 城门及主城壕间距 | 不明。其外侧与水堰衔接处暴露的包砖遭到破坏 | 堧：不具备轮廓展示潜力，不具备结构展示潜力 | 只能采用现地表道路间隔来“模拟表现”其固有的空间间隔感 |
| 桥堰遗存 | 西华路西侧。已回填 | 5 | 南宋 | 宋元之际 | 桥基尚存，水堰清晰 | 羊马城城域与西墙垣之间的连接空间 | 水堰遗存保存完整，但本体脆弱 | 桥堰：保存状况脆弱，不具备进行结构展示的潜力 | 保护性回填 |
| 羊马城内侧空间遗存 | B001 ~ B006 环抱区域 | 5 | 南宋 | 宋元之际 | 位置、轮廓大致明确，结构不明 | 羊马城内侧封闭区域 | 破坏无存 | 羊马城城域：具备轮廓展示潜力，不具备结构展示潜力 | 地表整治封护，整顿环境卫生，借助两侧城壕及羊马城城垣围合的轮廓标识原有城域空间范围 |
| 羊马城城垣 | B001 ~ B006 | 5 | 南宋 | 宋元之际 | 遗存轮廓清晰，地表现为墙体遗存及倒塌堆积 | 羊马城城垣轮廓、空间尺度、高程 | 保存较完整 | 羊马城墙垣：具备轮廓展示潜力，不具备结构展示潜力 | 对墙垣进行保护。维持茶田风貌，调整顶部植被层次；使用包砖进行墙垣轮廓及南宋地面位置标识 |
| 羊马城垣上门道 | B004 ~ B005 | 5 | 南宋 | 宋元之际 | 位置清晰，结构不明 | 羊马城与外界沟通的孔道 | 不明 | 羊马城墙垣门道：具备轮廓展示潜力，不具备结构展示潜力 | 保护断面；使用包砖进行门道轮廓标识 |
| 羊马城外堧 | 现在墙垣倒塌堆积下 | 5 | 南宋 | 宋元之际 | 位置清晰，结构不明 | 羊马城墙垣与月河之间的隙地 | 不明 | 堧：不具备轮廓展示潜力，不具备结构展示潜力 | 分化植被种类进行标识 |
| 主城壕遗存 | 参见 2013 年《唐子城・宋宝城护城河遗址保护展示工程设计方案》丑 B10、丑 B9、丑 B8 做法 | | | | | | | | |
| 月河遗存 | 参见 2013 年《唐子城・宋宝城护城河遗址保护展示工程设计方案》卯 A1 做法 | | | | | | | | |

表 2-5 为“北门二”区域的展示潜力评估内容：表现南宋末期多重城壕的防御系统。（展示节点五）

**“北门二”区域的展示潜力评估内容**

表 2—5

| 遗存性质 | 段落编号 | 空间层级 | 发育时间 | 废弃时间 | 结构及轮廓形态 | 展示目的 | 保存状况 | 空间主题与展示潜力 | 环境、场景及展示要求 |
|---|---|---|---|---|---|---|---|---|---|
| 主墙体遗存 | A038 ~ A044 | 5 | A038 ~ A040：东周—南宋。A041 ~ A044：南宋 | 宋元之际 | 较清晰、完整 | 北门区主城垣遗存体量、相对高程、跨度 | 较好 | 主墙体：具备轮廓展示潜力 | 调整墙垣遗存上部植被层次感，强化内外边坡保护地用控制及植被保护系统；借助外侧道路形成线性感 |
| 城门道位置 | A040 ~ A041 | 5 | 南宋 | 宋元之际 | 结构完全破坏，线性廊道位置准确 | 北门主门道长度、位置 | 结构无存 | 门道：不具备轮廓展示潜力，不具备结构展示潜力 | 保护门道两侧暴露墙垣遗存断面（见前文），建立展示说明系统，明确南宋时期道路高程及空间功能 |
| 门道两侧构筑物遗存 | A040 ~ A041 两侧 | 5 | 南宋 | 宋元之际 | 遗存为外凸的倒塌堆积，具体结构参数不详 | 门道两侧构筑物体量 | 尚不十分明确 | 军事设施，性质尚不清楚（或为门署、瓮城、门楼墩台等）：具备轮廓展示潜力，不具备结构展示潜力 | 在调整顶部植被的基础上，使用仿砖对外凸部分轮廓进行标识 |
| 城门外堧 | 不明 | 5 | 南宋 | 宋元之际 | 不明 | 城门及城壕间距 | 不明 | 堧：不确 | 只能采用现地表道路间隔来“模拟表现”其固有的空间间隔感；由于无法确定，故不做任何解释说明 |
| 桥堰遗存 | 不确 | 5 | 南宋 | 宋元之际 | 不明 | 羊马城城域与墙垣之间的连接空间 | 不明 | 桥堰：不确 | 不在本次展示内容之内；希望考古工作首先解决空间基本结构参数问题 |
| 羊马城内侧空间遗存 | C001 ~ C005 环抱区域 | 5 | 南宋 | 宋元之际 | 位置、轮廓大致明确，结构不明；目前为回民公布所占压 | 羊马城内侧封闭区域 | 不明 | 羊马城城域：具备轮廓展示潜力，不具备结构展示潜力 | 整顿环境卫生，借助两侧城壕及羊马城城垣松林围合的轮廓标识原有城域空间范围 |
| 羊马城城垣 | C001 ~ C005 | 5 | 南宋 | 宋元之际 | 遗存轮廓清晰，地表现为雪松林木占压 | 羊马城城垣轮廓，空间尺度，高程 | 保存较完整 | 羊马城墙垣：具备轮廓展示潜力，不具备结构展示潜力 | 维持松林 |
| 羊马城垣上门道 | 不明 | 5 | 南宋 | 宋元之际 | 位置、结构均不明 | 羊马城与外界沟通的孔道 | 不明 | 羊马城墙垣门道：不明确 | 非展示内容 |
| 羊马城外堧 | C001 ~ C005 外侧 | 5 | 南宋 | 宋元之际 | 位置清晰，结构不明 | 羊马城墙垣与月河之间的隙地 | 不明 | 堧：不具备轮廓展示潜力，不具备结构展示潜力 | 以羊马城北侧与护城河之间的空地来模拟表现这个空间位置 |
| 桥堰遗存 | 至今尚未发现任何相关遗存，应着手在未来的考古工作中解决相关结构问题。目前，此项内容不作为展示内容 | | | | | | | | |
| 主城壕遗存 | 参见 2013 年《唐子城・宋宝城护城河遗址保护展示工程设计方案》丑 A10、丑 A11、寅 A1 做法 | | | | | | | | |
| 月河遗存 | 参见 2013 年《唐子城・宋宝城护城河遗址保护展示工程设计方案》丑 A12 做法 | | | | | | | | |

表 2–6 为“东门一”（展示节点六）区域的展示潜力评估内容：

表现南宋末期多重城壕的防御系统。

**“东门一”区域的展示潜力评估内容**

表 2—6

| 遗存性质 | 段落编号 | 空间层级 | 发育时间 | 废弃时间 | 结构及轮廓形态 | 展示目的 | 保存状况 | 空间主题与展示潜力 | 环境、场景及展示要求 |
|---|---|---|---|---|---|---|---|---|---|
| 主墙体遗存 | A056 ~ A060 | 5 | 南宋 | 宋元之际 | 土垄轮廓清晰，墙体遗存与倒塌堆积范围仍有待明确 | 东门区主城垣遗存体量、相对高程、跨度 | 较好 | 主墙体：具备遗存轮廓展示潜力，不具备结构展示潜力 | 调整墙垣遗存上部植被层次感，强化内外边坡保护地用控制及植被保护系统。借助道路形成线性感 |
| 城门道位置 | 或在 A057 ~ A058 间 | 5 | 南宋 | 宋元之际 | 不明 | 位置、宽度、跨度等基本特征 | 不明 | 门道：具备轮廓展示潜力，不具备结构展示潜力 | 根据桥堰位置及延伸方向，设计门道展示意象 |
| 门道两侧构筑物遗存 | 或在 A057 ~ A058 两侧 | 5 | 南宋 | 宋元之际 | 不明 | 范围轮廓 | 不明 | 不明：具备轮廓展示潜力，不具备结构展示潜力 | 结合进一步考古工作，设计门道展示意象 |
| 城门外堧 | 不明 | 5 | 南宋 | 宋元之际 | 不明 | 城门及城壕间距 | 不明 | 堧：不确 | 完全不明确。无法作为展示对象 |
| 桥堰遗存 | 明确 | 5 | 南宋 | 宋元之际 | 基本结构明确 | 羊马城城域与墙垣之间的连接空间 | 不明 | 桥堰 | 回填。结合具体考古数据进行展示意象设计 |
| 羊马城内侧空间遗存 | D001 ~ D004 环抱区域 | 5 | 南宋 | 宋元之际 | 位置、轮廓大致明确，结构不明。目前为密林占压 | 羊马城内侧封闭区域 | 不明 | 羊马城城域：具备轮廓展示潜力，不具备结构展示潜力 | 整顿环境卫生，借助两侧城壕及羊马城城垣松林围合的轮廓标识原有城域空间范围 |
| 羊马城城垣 | D001 ~ D004 | 5 | 南宋 | 宋元之际 | 遗存轮廓清晰，地表现为雪松林木占压 | 羊马城城垣轮廓、空间尺度、高程 | 保存较完整 | 羊马城墙垣：具备轮廓展示潜力，不具备结构展示潜力 | 维持松林 |
| 羊马城垣上门道 | 不明 | 5 | 南宋 | 宋元之际 | 位置、结构均不明 | 羊马城与外界沟通的孔道 | 不明 | 羊马城墙垣门道：不明确 | 非展示内容 |
| 羊马城外堧 | D001 ~ D004 外侧 | 5 | 南宋 | 宋元之际 | 位置清晰，结构不明 | 羊马城墙垣与月河之间的隙地 | 不明 | 堧：不具备轮廓展示潜力，不具备结构展示潜力 | 以羊马城北侧与护城河之间的空地来模拟表现这个空间位置 |
| 主城壕遗存 | 参见 2013 年《唐子城·宋宝城护城河遗址保护展示工程设计方案》寅 B7、寅 B8、寅 13–2 做法 | | | | | | | | |
| 月河遗存 | 参见 2013 年《唐子城·宋宝城护城河遗址保护展示工程设计方案》寅 B9、寅 B10、寅 B11、寅 B12、寅 13–1 做法 | | | | | | | | |

表 2–7 为“北门一”区域（展示节点四）的展示潜力评估内容：北城垣西侧出口区域的平面布局及历史沿革。

“北门一”区域（展示节点四）的展示潜力评估内容

表 2—7

| 遗存性质 | 段落编号 | 空间层级 | 发育时间 | 废弃时间 | 结构及轮廓形态 | 展示目的 | 保存状况 | 空间主题与展示潜力 | 环境、场景及展示要求 |
|---|---|---|---|---|---|---|---|---|---|
| 陆门遗存 | A035 ~ A036 间东侧 | 5 | 不确 | 宋元之际 | 不确 | 门道长度、规模，及内外路网衔接方式 | 较差 | 陆门：具备轮廓展示潜力，不具备结构展示潜力 | 保护门址两侧墙垣遗存断面。实施保护性回填。使用砖石材料在地表标记门址范围。留待专项保护展示设计 |
| 水窦遗存 | A035 ~ A036 间西侧 | 5 | 不确 | 宋元之际 | 不确 | 水窦长度、规模，城北垣内外水域沟通方式 | 较差 | 水窦：具备轮廓展示潜力，不具备结构展示潜力 | 保护门址两侧墙垣遗存断面。实施保护性回填。使用砖石、木栅等材料在地表标记范围。留待专项保护展示设计 |

## 建构筑物单体空间层级展示内容：城垣

墙垣构筑物单体包括以下展示单元及其展示内容：宝祐城使用阶段的城域轮廓、蜀岗上城址筑城史（西墙、北墙局部）。

墙垣构筑物单体展示单元及其展示内容

表 2—8

| 段落编号 | 空间性质 | 发育时间 | 废弃时间 | 空间所指内容 | 现地表所见遗存位置 | 形态状况 | 展示目的 | 空间主题与展示潜力 | 环境及场景要求 |
|---|---|---|---|---|---|---|---|---|---|
| D1 | 城垣遗存断面 | 不明 | 宋元之际 | 城垣断面 | 南宋地面以上局部构造及部分南宋地面以下墙垣基础（即生土土芯及两侧夯土） | 明确 | 城垣遗存体量、相对高程、跨度 | 蜀岗城址西墙；展示潜力：战国、汉、六朝、隋唐、南宋 | 保护断面。整饬展示环境卫生。设置导览及说明系统阐释断面的内涵及墙体构筑方式 |
| A001 ~ A014 | 城垣遗存 | 不明 | 宋元之际 | 城址西垣 | 南宋墙体及倒塌堆积、南宋以前墙垣墙体及倒塌堆积 | 不明 | 城垣遗存体量、相对高程、跨度 |  | 维持茶田，调整墙垣遗存上部植被层次感，强化内外边坡保护地用控制及植被保护系统。借助外侧道路形成线性感 |
| A015 ~ A024 | 城垣遗存 | 东周至南宋 | 宋元之际 | 城址西垣 | 南宋墙体及倒塌堆积、南宋以前墙垣墙体及倒塌堆积 | 明确 | 城垣遗存体量、相对高程、跨度 |  | 维持茶田，调整墙垣遗存上部植被层次感，强化内外边坡保护地用控制及植被保护系统。借助外侧道路形成线性感 |
| A026 ~ A040 | 城垣遗存 | 东周至南宋 | 宋元之际 | 城址北垣 | 南宋墙体及倒塌堆积、南宋以前墙垣墙体及倒塌堆积 | 明确 | 城垣遗存体量、相对高程、跨度 | 蜀岗城址北墙；展示潜力：战国、汉、六朝、隋唐、南宋 | 保护墙垣遗存整体形态，控制边坡地用。调整墙垣上植被层次。借助内外侧道路形成线性感。完善管理及服务设施。在小渔村东侧较宽阔的区域构造独立的园林景观 |
| A041 ~ A045 | 城垣遗存 | 南宋 | 宋元之际 | 宝祐城北垣 | 南宋墙体及倒塌堆积 | 明确 | 城垣遗存体量、相对高程、跨度 | 宝祐城址北墙；展示潜力：南宋 | 保护墙垣遗存整体形态，控制边坡地用。调整墙垣上植被层次。借助内外侧道路形成线性感。完善管理及服务设施 |

## 建构筑物单体空间层级展示内容：城角遗存

观音山城角遗存（展示节点一）展示评估如下：城址西墙与南墙交汇位置及体量。

**观音山城角遗存（展示节点一）展示评估**

表 2—9

| 遗存性质 | 段落编号 | 空间层级 | 发育时间 | 废弃时间 | 结构及轮廓形态 | 展示目的 | 保存状况 | 空间主题与展示潜力 | 环境、场景及展示要求 |
|---|---|---|---|---|---|---|---|---|---|
| 城角遗存 | A000 ~ A001 | 5 | 不明 | 宋元之际 | 不明确 | 城址两墙交汇点 | 不明 | 拐角；具备位置展示潜力；不具备遗存轮廓展示潜力；不具备结构展示潜力 | 维持现有地表景观；借助观音山及外侧地表道路拐折表现城角位置意象；借助观音山北侧断面，表现城墙构造；建构导览与说明体系，阐释空间格局 |

西河湾城角遗存（展示节点三）展示评估如下：多时期城址使用过程。

**西河湾城角遗存（展示节点三）展示评估**

表 2—10

| 遗存性质 | 段落编号 | 空间层级 | 发育时间 | 废弃时间 | 结构及轮廓形态 | 展示目的 | 保存状况 | 空间主题与展示潜力 | 环境、场景及展示要求 |
|---|---|---|---|---|---|---|---|---|---|
| 城角遗存 | A024 ~ A026 | 5 | 隋唐 ~ 南宋 | 宋元之际 | 较为清晰 | 城址两墙交汇点 | 隋代内角、唐代外角、南宋外角 | 拐角;具备位置展示潜力（整体）;具备遗存轮廓展示潜力（唐、南宋）;具备结构展示潜力（隋代） | 借助外侧地表道路拐折表现城角位置。建构导览与说明体系，阐释空间格局。借助展示棚外形表现隋代角楼意象。棚外侧表现唐代城角边沿。棚内展示隋代城角内侧及南宋城角外侧 |

# 主题与构造

根据“2012 年方案”，本次方案设计的城垣与其中观音山、西门、西河湾、东门分别与“昭明镜鉴”、“武锐金汤”、“江都余晖”、“双阛惟扬”直接对应。现增加“蜀岗记忆”（“北门一”）一处主题。

# 空间设计要求

## 风格特征

现有展示具备以空间形式展示的主要包括南宋和隋唐两个大阶段。其余阶段的地用物证多不具备空间展示的基础。对于这两个阶段的建构筑物形态构拟应符合该时期的时代风貌特征和结构基本特征。所有仿烧的砖构件应严格以出土材料为基础。

## 保护材料

保护材料应做好标识，以与本体材料进行区分，包括保护性植被、填土和砖构件等。保护性植被主要用于边坡保护，以草本植物和浅根系木本植物为主。通过多层次植被来达到水土保持的效果。填土应进行筛选。包砖材料应选择与本体用砖相似的材质，形态应根据具体段落表现的时代特征而定。

## 能够执行 2013 年方案的路线及栈道设计

“2013 年方案”中已经围绕墙体和城壕进行了道路系统和栈道的线路设计，并制定了技术施工标准。其中所涉及的空间尺度，如高低、长短均涉及墙垣与城壕等空间构造之间的比例安排，应当严格遵照执行。对于现在施工过程中已经出现的问题，应及时予以纠正。

# 2.4 特殊说明

现阶段考古工作对于部分城垣及门区尚不能提供用于完整设计的基础数据。故对于上述空间区域，在本阶段只能采取概念性设计的方式；未来的展示依据考古发掘成果进行专项设计。具体如下。

**墙垣特殊说明**

表2—11

| 遗存性质 | 段落编号 | 空间层级 | 发育时间 | 备注 |
|---|---|---|---|---|
| 墙垣遗存 | A001 ~ A014 | 4 | 不明 | 目前仅南侧近观音山的断面 D1 暴露。根据早期发表断面资料，目前对该断面的认识仅包括生土土芯和外侧南宋夯层，这个段落是否能够代表西华门以南西墙垣的全部结构和时代特征仍是问题 |
| 宝祐城北墙 | A041 ~ A044 | 4 | 南宋 | 该段城垣的主要结构问题是南宋墙垣墙体与倒塌堆积的区分。目前土垄上南部明显在高程上高于其他部位很多。这一结构与早期东墙上两个探沟（YZG6、YZG7）所揭示的近 12 米的墙体基槽宽度较为吻合，但仍有待于进一步验证 |
| 宝祐城东墙 | A046 ~ A056 | 4 | 南宋 | 与北墙问题相似，目前仍须解决南宋墙垣墙体与倒塌堆积的位置区分问题 |
| 宝祐城东墙 | A056 ~ A066 | 4 | 南宋 | 该区域长期为人居地用扰动。目前在与东羊马城对应的 A056 ~ A059 范围内的墙垣夯土勘测范围东西跨度近 40 米；这一结构是否包括城门外凸结构仍有待于进一步解剖；分布于唐城人家及以南范围内的 A060 ~ A066 遗存结构和留存状况仍有待于进一步解剖分析 |

**城角特殊说明**

表2—12

| 遗存性质 | 段落编号 | 空间层级 | 发育时间 | 备注 |
|---|---|---|---|---|
| 宝祐城东北角 | A044 ~ A046 | 5 | 南宋 | 拐角存在高于外侧表面 5 米以上的高凸部位；这一结构是否与城角构筑物有关，仍有待于进一步解剖 |
| 西南城角 | A000 ~ A001 | 5 | 不明，至少含隋唐及以后 | 目前利用观音山作为城角位置的拐点意象；但由于禅寺与博物馆房屋占压，故目前无法对这一区位的具体结构进行明确的数据界定，仍有待于进一步考古工作 |

## 门区特殊说明

表 2—13

| 遗存性质 | 段落编号 | 空间层级 | 发育时间 | 备注 |
|---|---|---|---|---|
| 西门羊马城城垣遗存 | B001 ～ B006 | 5 | 南宋 | 在现地表以上部分为羊马城城垣的墙体遗存和两侧部分的倒塌堆积；根据现阶段的观测，实际墙体基槽的跨度只有十余米，这与早期公布的数据资料仅 17 米较为接近；但对于该部分墙体结构的具体数据仍有待于进一步验证 |
| 西门门道两侧构筑物 | A013 ～ A016 | 5 | 不明 | 西门门道两侧形成外凸形态，北侧东西向土垄跨度达到 76 米，南侧也有 67 米之多，或存在凸出于墙垣之外的军事构筑物（如瓮城、门署、门楼墩台之类）；但根据其他区域的南宋墙垣分布特征观察，应是建筑在以往的墙垣结构之上。目前，南宋部分的外凸结构的性质及其与其他阶段城垣结构的关系仍旧有待进一步研究 |
| 西门道路系统 | 分布于整个门区范围内 | 5 | 不明 | 根据《宋三城图》分析，门道、桥堰、羊马城上北侧通道应构成一组较为独立的交通道路系统；但目前这个结构仍有待于考古工作进一步证实 |
| "北门二"羊马城城垣遗存 | C001 ～ C005 | 5 | 南宋 | 在地表上覆盖着较密的雪松，墙垣堆积整体情况与西门羊马城近似；具体墙垣的结构参数仍有待进一步明确 |
| "北门二"门道两侧构筑物 | 或在 A039 ～ A042 间 | 5 | 不明 | 北门门道两侧形成外凸形态，且局部高程较大，或存在凸出于墙垣之外的军事构筑物（如瓮城、门署、门楼墩台之类）。目前，南宋部分的外凸结构的性质及其与其他阶段城垣结构的关系仍旧有待进一步研究 |
| "北门二"道路系统 | 不明 | 5 | 不明 | 情况或与西门类似，应存在由门道、桥堰、羊马城上通道所构成的一组较为独立的交通道路系统；但目前这个结构仍有待于考古工作进一步证实 |
| 东门羊马城城垣遗存 | D001 ～ D004 | 5 | 南宋 | 东门羊马城留存较为完整，但结构有待明确；整体区域基本没有进行过考古工作，需要进一步夯实考古基础 |
| 东门门道两侧构筑物 | 或在 A057 ～ A059 间 | 5 | 南宋 | 东门区域考古基础较为薄弱，门道、门署结构有待明确，应进一步进行考古工作 |
| 东门道路系统 | 不明 | 5 | 南宋 | 情况或与西门类似，应存在由门道、桥堰、羊马城上通道所构成的一组较为独立的交通道路系统；但目前这个结构仍有待于考古工作进一步证实 |
| "北门一"陆门 | A035 ～ A036 间东侧 | 5 | 不明 | 门址遗存包括汉代、隋唐、五代、南宋等几个阶段；目前各时期结构和城门形态仍有待于进一步明确 |
| "北门一"水窦 | A035 ～ A036 间西侧 | 5 | 不明 | 水窦遗存发现隋唐、南宋的遗存，但其结构及与城内外水域的高程衔接方式仍有待于进一步明确 |

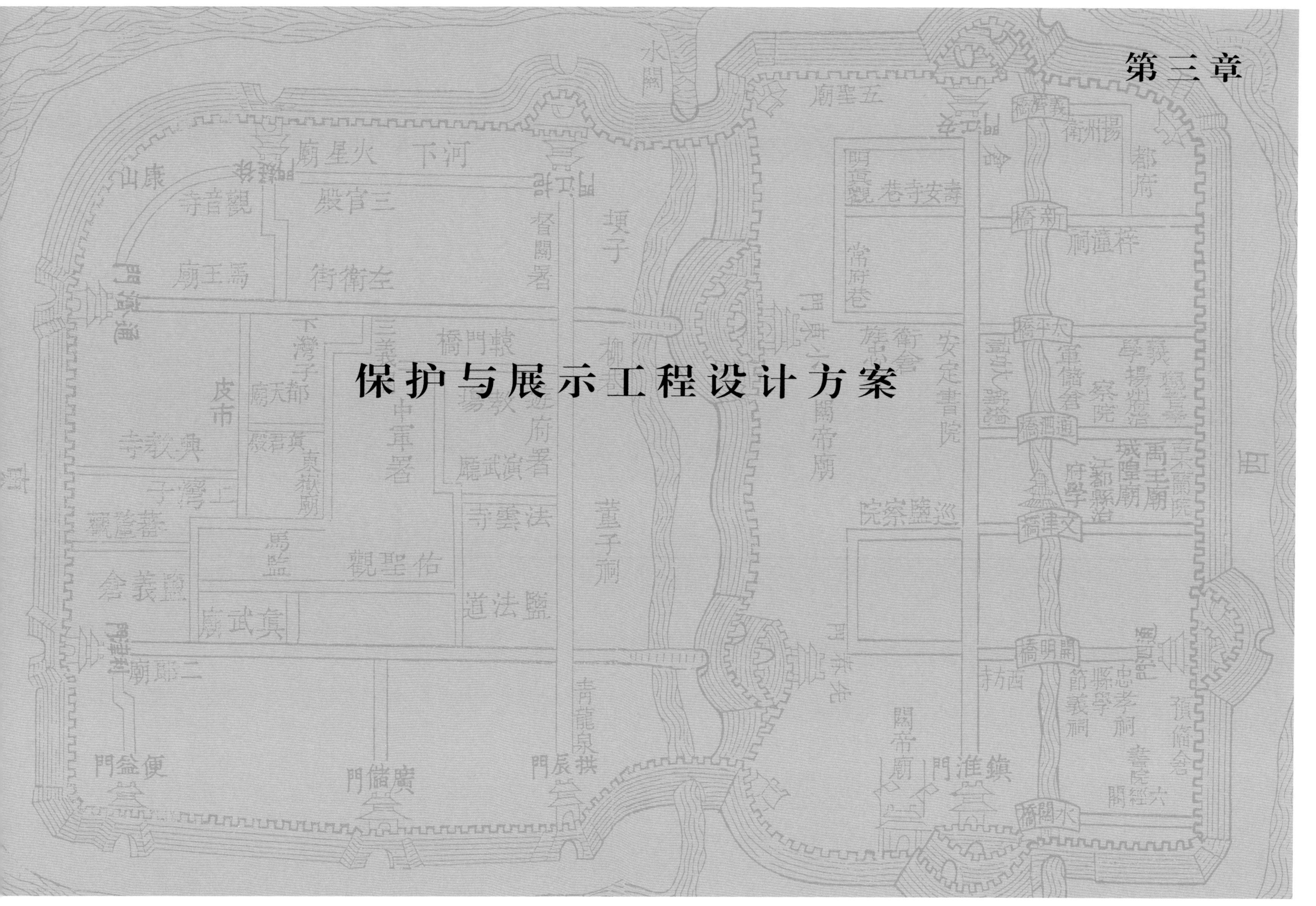

# 第三章

# 保护与展示工程设计方案

# 3.1 保护与展示工程设计方案概述

## 工程定位

本项目是扬州蜀岗上古城址保护展示体系的重要组成部分，在护城河保护展示工程的基础上，以城垣本体保护和展示为工作重点。本项目基于《唐子城·宋宝城城垣及护城河保护与展示概念性设计方案》(文物保函[2012]1291号，整理后以《扬州城国家考古遗址公园——唐子城·宋宝城城垣及护城河保护展示总则》为名出版)和《唐子城·宋宝城护城河保护展示工程设计方案》(文物保函[2014]616号，整理后以《扬州城国家考古遗址公园——唐子城·宋宝城护城河》为名出版)，是这两个方案的深化实施和后继部分。

## 保护对象

本方案保护对象包括：蜀岗上古城址城墙本体、护城河、城门及相关设施（城门、桥涵、瓮城和道路）本体等。其中护城河部分详见《唐子城·宋宝城护城河保护展示工程设计方案》(文物保函[2014]616号)，城墙本体、城门及相关设施遗存是本项目重点。

## 任务和内容

本方案涉及的工程内容有：宋宝城西城墙（A001 ~ A025)、北城墙（A025-A045)、东城墙（A045 ~ A066）和西城门外羊马城与平山堂城前连接线（ E001 ~ E011）及三座羊马城（B、C、D)。

工程任务为：以前期护城河设计方案和最新考古成果为基础，保护城墙夯土本体，根据不同区段城墙遗址的保存状况，分点分区进行保护与展示设计。在保护的基础上结合前期护城河部分的设计方案，进一步细化和完善城垣遗址展示设计；同时对西城门节点、西北角楼节点、“北城门一”、“北城门二”和“东城门一”节点的展示进行概念性设计，以及相关管理服务设施的规划布局和概念设计。城墙夯土遗址的整体保护主要通过表层植物的调整和种植来完成，以浅根性植物种类为主，辅助以景观设计手法，达到水土保持与景观效果的平衡。

# 工程技术条件

扬州为长江中下游的冲积平原，地势大致为西北高、东南低。蜀岗一线以北为长江的一级阶地，标高为 10 ~ 30 米 ( 黄海高程 )，土壤为黄土状亚黏土，地基计算强度为 20 ~ 25 吨 / 平方米；蜀冈以南为长江的河漫滩地，地势平坦，标高一般为 5 ~ 10 米，土壤为亚黏土、砂土、地基计算强度为 8 ~ 10 吨 / 平方米。

扬州地下水分为四个含水层：潜水含水层、浅层（潜水承压）含水层、深层（承压）含水层和基岩裂隙水。工程所在地区地下水为浅层含水层。次层为上更新统冲压层，岩性上段灰色粉矿，厚度一般为 30 厘米左右；下段为灰、灰黄色细砂、中砂、粗砂局部含砾，松散饱水，顺板埋深 40 米左右，厚度 15 ~ 20 米。在上段和下段之间有一层厚 5 ~ 12 米分布稳定的亚砂土或亚黏土，隔水性不强。该层水位埋深一般为 2 ~ 6 米，单井涌水量为 500 ~ 1000 立方米 / 日。由于含水砂层埋藏浅，与上部潜水无稳定的隔离层，因此有着密切的水力联系；但本层又具有一定的承压性质。目前的成井大都为混合开采。水化学类型主要为 $HCO_3$ · Ca · Mg 型水，浅层地下水的补给以垂直向为主，主要补给源为大气降水；此外地表水也不同程度补给地下水。浅层含水层总的径流方向是流向东南。本地区地下水的主要排泄方向方式是蒸发及人工开采。

扬州市大地构造属于地台和地层的过渡带——扬子准地台中部。在地震划分上属于扬州—铜陵地裂带中段，地震烈度为七级。抗震设防标准：一般建筑物、构筑按地震烈度七度设防；城市生命线工程、重要工程和大型公建按地震烈度八度设防。

扬州属亚热带气候，四季分明，气候温和，无霜期长，受季风环流影响较大；春季多东南风，夏季多为从热带或亚热带海洋吹来的东到东南风，冬季盛行来自北方大陆干冷的偏北风。年平均气压值 101.58kPa，年平均气温 14.8 摄氏度，年平均相对湿度为 79%，年平均降雨量为 1042.4 毫米。

# 工程性质

本项目为大遗址保护展示项目。

# 3.2 工程总体方案设计

## 设计依据

设计主要以如下法律、法规为依据：

（1）《中华人民共和国文物保护法》（2002）；

（2）《文物保护工程管理办法》（文化部令第26号，2003）；

（3）《文物保护工程设计文件编制深度要求（试行）》（办保函【2013】375号）；

（4）《扬州市城市总体规划（2002～2020）》（2001）；

（5）《扬州城遗址（隋至宋）保护总体规划》（2011）；

（6）《唐子城·宋宝城城垣及护城河保护与展示概念性设计方案》（文物保函[2012]1291号）；

（7）《蜀岗—瘦西湖风景名胜区总体规划》（1993）；

（8）《蜀岗—瘦西湖风景名胜区瘦西湖新区建设规划》（2005）；

（9）《唐子城·宋宝城护城河保护展示工程设计方案》（文物保函[2014]616号）；

（10）《中国地震动参数区划图》（GB 18306-2001）；

（11）唐子城护城河及城墙展示、生态修复、环境整治工程项目申请书（2011）；

（12）《扬州市城市抗震防灾规划》（1991）。

## 设计目的

### 保护和挖掘蜀岗上古城址的价值，合理展示遗址，彰显名城风范

蜀岗上古城址因地制宜，因势而建，雄踞蜀岗之上，是扬州城市起源和发展的最重要遗存。据考古调查和勘探研究，蜀岗上古城址的空间格局和历史格局保存较好，具有重要科学、艺术和文物价值。蜀岗上古城址的护城河、城门和城墙，是古城扬州发展的重要载体，对其进行有效的保护和展示，能进一步彰显城市的特色内涵。

### 延续历史文脉，修复特色资源，打造精致扬州

扬州因水而灵气秀美，因水道密布而气蕴充足，因运河而成为管控南北经济命脉的咽喉。护城河环绕城址，与自然结合充分，形成丰富的轮廓线，空间格局基本明晰，成为扬州重要的城市景观。设计通过对唐、宋城护城河的疏浚以及城墙的轮廓展示，可一定程度上使人感受历史景象。

保护和利用好护城河及城墙，形成扬州丰富的景观和代表性的景点，有利于进一步完善城址生态系统、扬州的形象；同时，通过保护措施为市民开辟一片城市休闲绿地，让文化遗址掩映在绿色之中，成为群众共享的文化园、教育园、科普园、休养园，让遗址成为城市最美丽的地方、最有文化品位的空间。

# 设计原则

## 保护遗址本体的原真性、科学性

现有蜀岗上古城遗址考古资源的利用展示设计，都是在充分尊重考古遗存原有状况、立足考古与文献研究的基础上进行。其目的在于如实反映古代遗址空间风貌，凸显其文化重要性与历史重要性；并尽可能将考古遗址的保护、发掘以及价值深化有机地结合起来；通过有限的考古资源利用，揭示出更多的文化"韵味"与历史信息；并结合"区域"社会的发展历程，将蜀岗纳入"江淮之间"这一空间范畴加以解读；以其遗址本身的原真性为基础，尽量科学地对其文化底蕴进行揭示；在满足考古资源自身维系的当前需求和长远利益的同时，对当地社会群体的发展需求加以考虑；在安全利用考古文化资源的同时，满足社会利益相关方的合理需求；通过遗址及周边地区地用模式的调整，有效地缓解考古资源保护与当地社会发展之间的矛盾，能够尽量让当地人群从当地的文化资源中获益，从而实现"资源维系才能长久受益"的保护意识。

## 突出遗址本体的完整性、可识别性

设计理念除了突出区域空间尺度之外，还突出遗址本身的结构完整性，务必使参观者能够较为容易地理解原有的蜀岗古城在唐与南宋两个阶段的原有规划和建设意图——将遗存纳入城址构造加以理解，将单体纳入群体加以理解，将古城纳入城市体系与自然景观内加以理解，将城市放入区域空间加以理解。这样的设计理念可以较为有效地保证遗址本体的"可理解性"，从而尽量使遗存"不完整性"对理解的影响得到弱化，通过展示、标识、线路设计、资源整合等空间规划手段，尽可能地使受众获得遗址空间的"完整"概念；通过局部展示、标牌设计、地表空间形态标识、步行体系设计、游览线路规划等手段，使遗址本身具有较大的"直观性"和"认知便利性"。

## 保证遗址的稳定性、安全性

设计本着不对遗址本体进行过多干预的基本原则进行，通过局部加固、修补、土壤保持、植被封护与种属调整、水系结构调整、驳岸结构加固等技术手段，使考古资源获得维系，实现其稳定性。在具体环节的设计中以"安全性"为第一要务。除了强化文物的安全性之外，还要强调对参观者自身安全的保障。

## 忠于史实，彰显布局，合理展示

在深入研读扬州城相关考古与历史等方面文献的基础上，通过对扬州蜀岗古城历史脉络与结构发展演变的梳理，深化其历史等多方面的价值与城市发展脉络。在遗址完整保存的基础上，实现其利用模式的优化。通过整体规划，从区域遗址保护（从岗上雷塘到岗下大江）的视野中，将遗址保护与展示纳入到区域遗产保护整体框架之中；协调处理好蜀岗上城廓保护展示与周边景区（瘦西湖、夹城）建设、有关新农村建设的关系；在展示设计中强化其可读性，彰显古代城市规划设计的意图。

❶ 城墙保护展示设计平面图

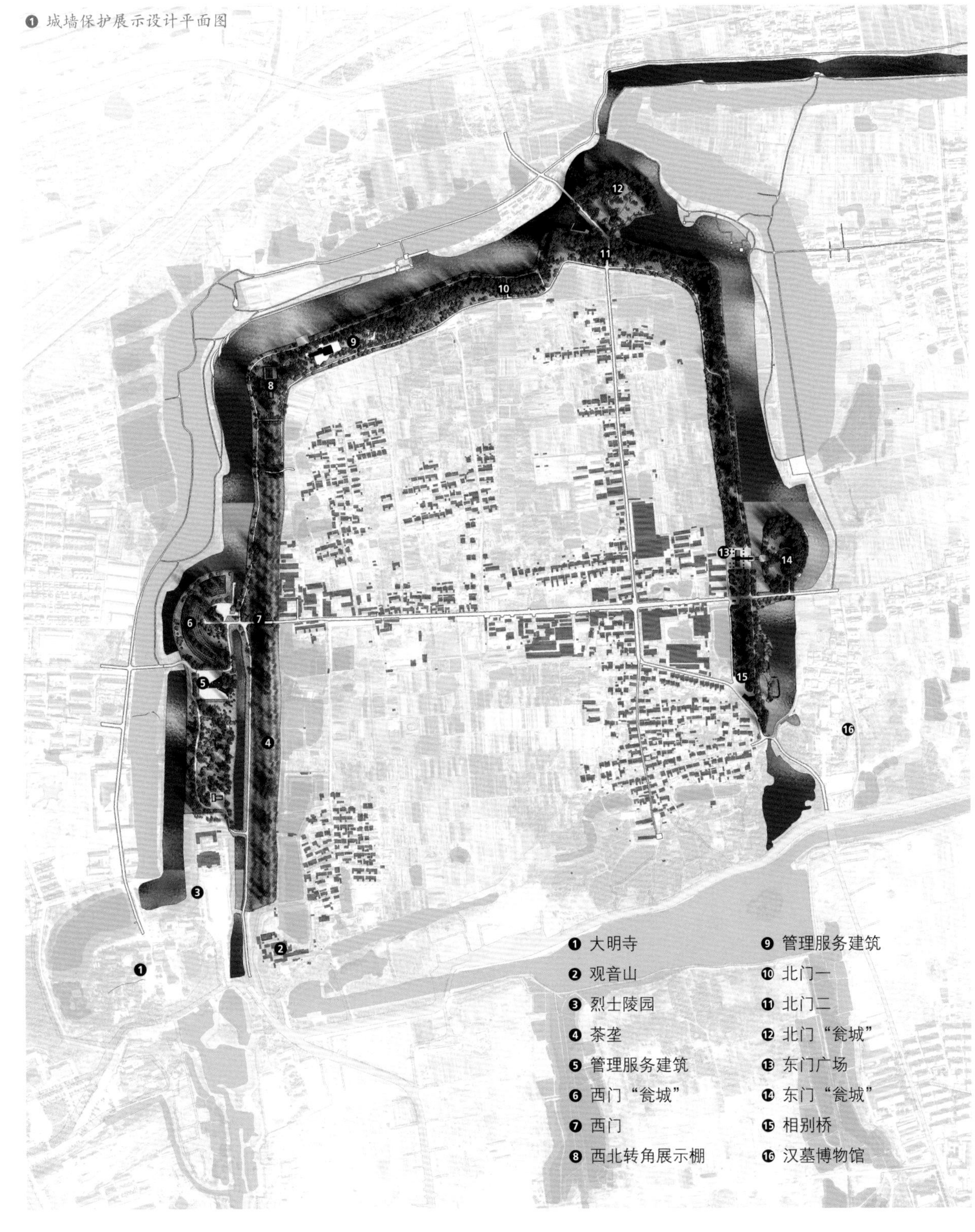


# 设计总体说明

本工程方案的总体设计，遵循和基于《唐子城·宋宝城城垣及护城河保护与展示概念性设计方案》(2012）和《唐子城·宋宝城护城河保护展示工程设计方案》(2013）的设计，并将其中的城墙本体保护部分和相关节点进一步深化。

## 整体格局中的位置

《唐子城·宋宝城城垣及护城河保护与展示概念性设计方案》(2012）中就蜀岗上城垣和护城河保护整体格局定位为“基于城址价值挖掘分析和重要节点的认定，规划确定本体保护的整体格局为‘两城三点，五墙五水’”。“两城”是指唐子城和宋宝城，其中唐子城的基础基于春秋战国至汉六朝以来的历代城址，尤其是沿袭了隋江都宫遗存；“三点”是指南城门（A)、北城门（B）和西城门（C）区域；“五墙”和“五水”，根据考古发现研究所确定的蜀岗上古城址之五段城墙和五片水域，分别承载了不同时期，特别是唐、宋时期的历史信息。

本方案设计对象为乙段、丁段部分城墙和丙段城墙，三点中的北城门（B)、西城门（C）及东城门，属于宋宝城城垣的防御延展面，整体城垣遗址圈的内核部分。

## 与总体结构的关系

《唐子城·宋宝城城垣及护城河保护与展示概念性设计方案》(2012）中“根据遗址的历史文化价值与遗存现状，确定‘十个重点展示节点’，共同构成‘四条轴线’、‘两横两纵’，集中展示‘蜀岗上城址’较为完整的空间格局与深厚的历史文化价值”，简言之，即为“十点四轴，两横两纵”的总体结构。其中，“两横”是指沿蜀岗南侧东西一线的南轴和城址北城墙一线的北轴；“两纵”是指城址西城墙一线的西轴，经过南、北城门的中轴。

本方案对象包括总体结构框架“十点四轴”中的西轴主体区段、北轴西半部分城墙区段以及西城门节点、西河湾北节点和北城门节点。从城防历史演进中看，北轴和西轴是两条实轴，尤其在唐宋时期是起到防御作用的防线和战壕；南轴和中轴是两条虚轴——南轴利用岗上岗下地势之落差成为与夹城的相邻界面，中轴则是一条比较典型的空间控制轴线。

## 设计构思与方法

城墙夯土的本体保护是遗址整体保护的基础。根据总体保护规划和已经实施的护城河保护设计方案，完成本体保护并与周边环境相呼应和协调。

从总体结构的角度来划定需要强化的设计节点，确定本方案的遗址景观结构。结合遗址圈的整体格局厘清历史脉络，根据不同区段历史时期城垣遗址的层叠和现存实体结构的趋向，在本体保护的基础上确定不同的历史阶段倾向来完成展示方案设计。将城墙夯土的本体保护与遗址展示景观种植规划结合考虑，以园林植物的保护性为主，兼顾考虑园林景观效果和瘦西湖—蜀岗风景区整体景观种植规划的统一性和协调性。

《唐子城·宋宝城护城河保护展示工程设计方案》（2013）完成了宋宝城城垣遗址圈的道路交通规划和护城河水系规划。在本次方案设计中结合实际节点增加部分辅路与城墙外侧交通环线相通，并进一步完善城墙内侧道路交通，与乡村现有道路做好对接；景观道路尽量不上城墙夯土区域；在夯土破坏严重的区段按照前期总体方案布局改造现有建筑为管理与服务建筑。基础设施规划设计中需要考虑城墙夯土部分与遗址整体的对接，考虑城墙夯土本体与现有村庄的呼应、当前使用与长远规划的关系，避免重复施工和资源浪费。

## 景观构成与意境表达

景区构成由点带面，城墙一线贯穿其中。隋、唐、宋三代于蜀岗古邗城及广陵基础上筑城。规划以高墙深壕为纽带，结合上述重要节点的自然特征、人文蕴含，规划营造“环城八景”。在本方案中根据

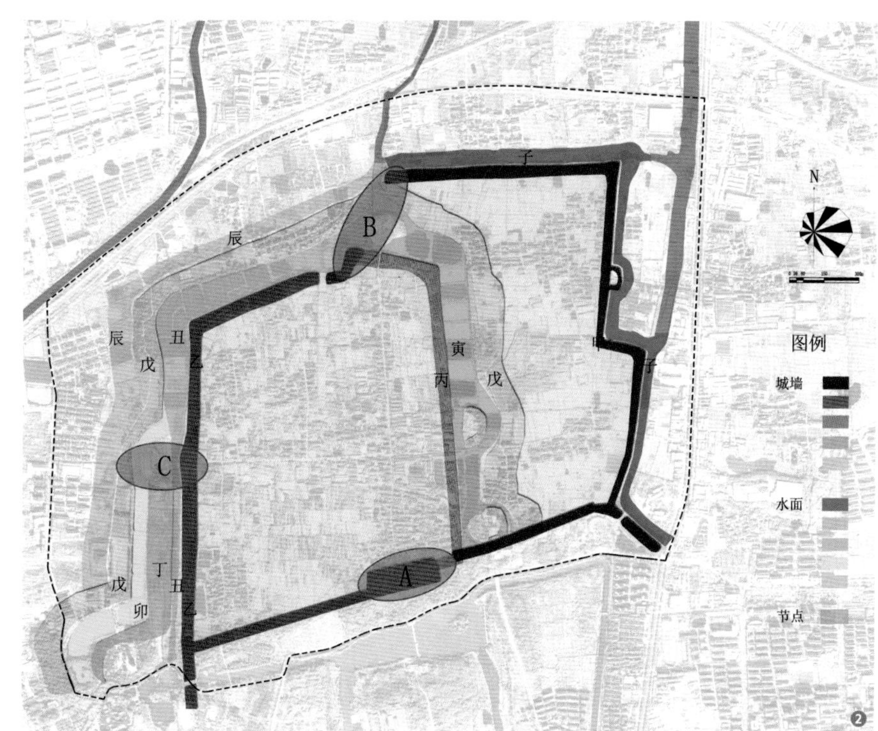


❷ 城墙历史分段

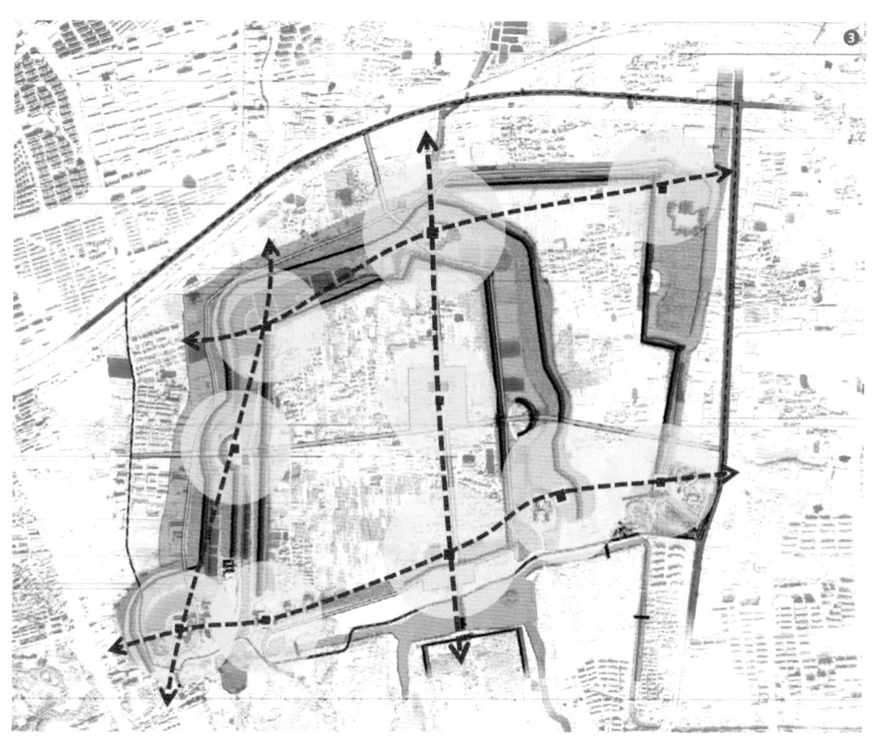


❸ 四轴十点格局

规划范围、前期护城河方案设计和当下考古发掘情况，重点打造“八景”中的“二景”：“武锐金汤”和“江都余晖”，完善“长阜风月”和“双阛惟扬”二景。

“武锐金汤”指南宋代在汉、六朝、隋、唐基础上，三次筑城，在西门至平山堂一带形成三重城墙的格局，固若金汤。规划进一步发掘军事文化的内涵，展示蜀岗上城之“壮丽”。本次方案着重表达内层城墙、西门及瓮城形态，结合新发掘出土的西门护城河桥堰遗址，对其进行景观化的表达，结合种植设计将城墙西区改造成茶园景区。

❶ 效果图一

在西瓮城以南的中间城墙地块上将现用建筑改造成遗址园区管理服务建筑。

"江都余晖"指城廓西北角地区。考古学家在城址西北城角发掘出隋代角楼基础一角。古代文献中记载，该地域景致优美，碧荷映日，紫竹浮烟，乃千古迷人繁盛地。隋炀帝时建有隋苑，又名西苑，内有数重楼苑。隋炀帝《江都夏》诗云："菱潭落日双凫舫，绿水红妆两摇渌"。根据发掘情况和当前地貌地形，保护、展示隋唐和宋代的角楼遗迹，保护棚建筑意象为隋唐城墙角楼。角楼以东，利用现有位于城墙被严

❷ 效果图二

重破坏的凹陷地块将现有建筑改造为一处管理服务设施。

“长阜风月”指北门外为长阜苑，以至上雷塘与下雷塘。历史上这个地区是蜀岗上城北园囿所在。高祖十二年（前 197 年）汉高祖刘邦封侄子刘濞为吴王，“城广陵”文献中有不少关于刘濞游弋雷陂的记载；公元前 150 多年，汉江都王即建宫苑于此，鲍照《芜城赋》称有“弋林钓渚之馆”;《宋书》记载徐湛之（410 年 ~ 453 年，南朝刘宋武帝之外孙）在此经营陂泽之事，“城北有陂泽，水物丰盛。湛之更起风亭、月观，吹台、琴室，果竹繁茂，花药成行，招集文士，尽游玩之适,一时之盛也”。本次方案涉及此景区“北门一”和“北门二”遗址的保护,“北门一”根据最新考古发掘成果，包含战国、汉、六朝、隋唐、南宋朝代的历史遗迹，具有十分重要的考古意义，结合整体景观结构进行专项保护设计；“北门二”通过结合城墙豁口断面的保护，采用包砖墙的方法，模拟城门轮廓。

“双阖惟扬”指宋代堡城东墙南段（隐喻《嘉靖惟扬志》中的宋三城图之“堡垒”营造），有两瓮城毗邻而立，从此亦可窥见宋宝城防守之坚固。结合新农村建设创造条件，在考古发掘研究的基础上进行适当展示，形成“两墙夹一河、两门对双瓮”具有浓郁军事特色的景区。两门的具体形态依据未来考古发掘成果进行设计。东城墙南段地用复杂，东门外瓮城为苗圃用地，在此次拆迁中收回，可以进行绿化改造；东南角瓮城为汉墓博物馆，不会改动；对唐城人家区域的功能布局进行优化调整，城墙夯土需要保护并进行植被种植，形成整体景观效果上的呼应。双瓮城毗邻而立，一虚一实，与平山堂和西门瓮城相对应。

城墙意象的营造主要通过植物种植来完成，城墙夯土遗址上不适合连续的硬质景观设计，结合之前的保护设计和现状，西城墙维持优化茶园景观，北城墙和东城墙维持现有以雪松为主的植被条件，对植被缺损地段在墙体外侧倒塌堆积处补种浅根性树种雪松，形成整体一致的绿墙效果。

❹

❶ 效果图二
❷ 效果图三
❸ 效果图四
❹ 效果图五

# 3.3 保护与展示工程方案

## 城墙本体保护与展示工程

### 工程范围

城墙本体保护与展示工程设计红线外边界与护城河保护与展示工程红线相重合，内边界以城墙考古勘探边界为基础向外拓宽 5 米，红线内面积 30.96 公顷。

### 工程内容

城墙夯土本体保护包括土方损失的覆土回填、城墙夯土边坡保护和城墙断面保护与展示。覆土回填在清理完杂草树木、废弃建筑和生活垃圾后进行。除需要保留展示的断面外，主要回填拆移建筑基础、苗圃移植所造成的点状土方损失。覆土采用素土回填夯实的方法。

城墙夯土边坡保护包括两个内容：坡角大于 40 度地段回填素土护坡；利用多层次植被保护边坡。城墙断面保护与展示工程内容包括：城墙断面处杂草树木的清理；挡土墙砌筑；回填土护坡和植被种植。

### 城墙剖面坡度分析

通过编号横剖线对应的剖面图的绘制与分析，结合现场确定覆土回填和边坡保护的区域及面积。剖面图标注长度单位为米，护城河水面设计标高海拔为 14.19 米。

❶ 城墙区段划分与编号图

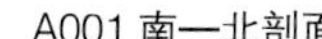

A001 南—北剖面

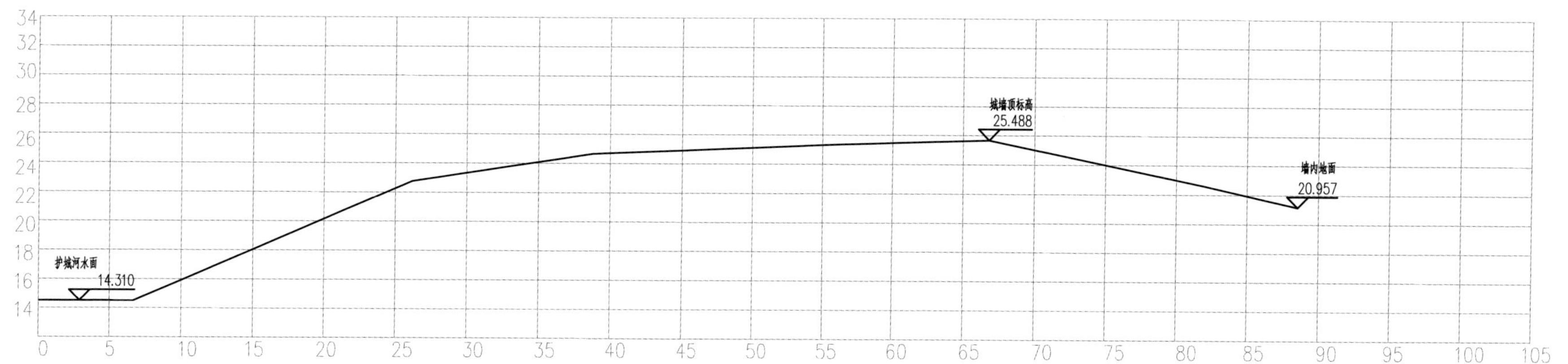


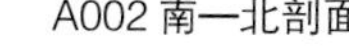

A002 南—北剖面

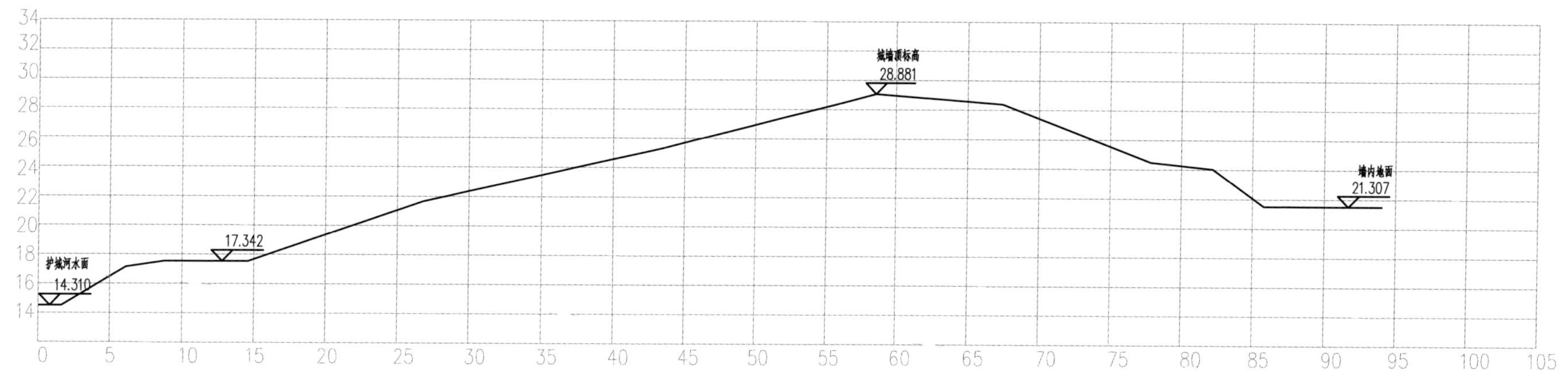


A003 南—北剖面

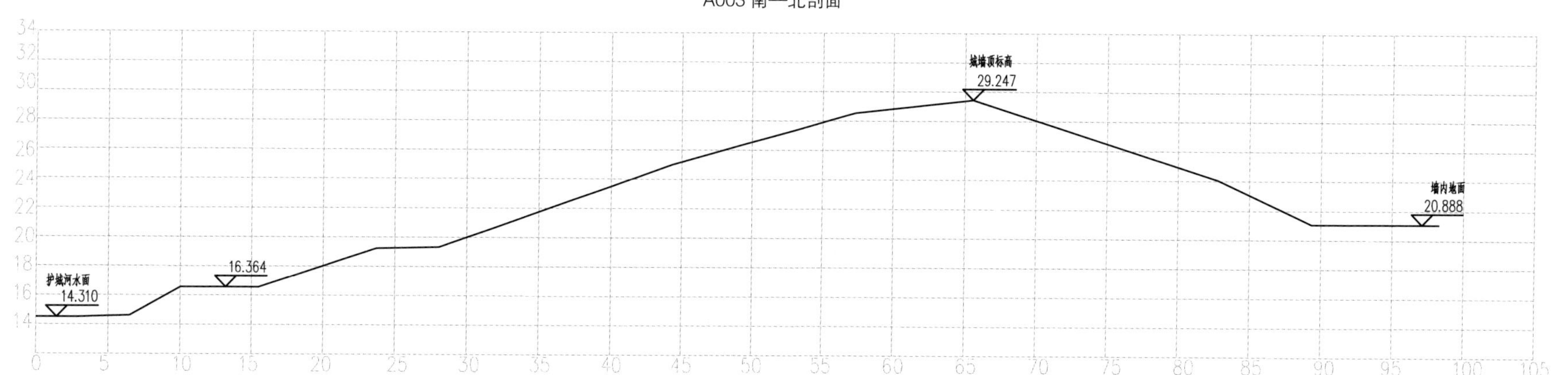

A004 南一北剖面

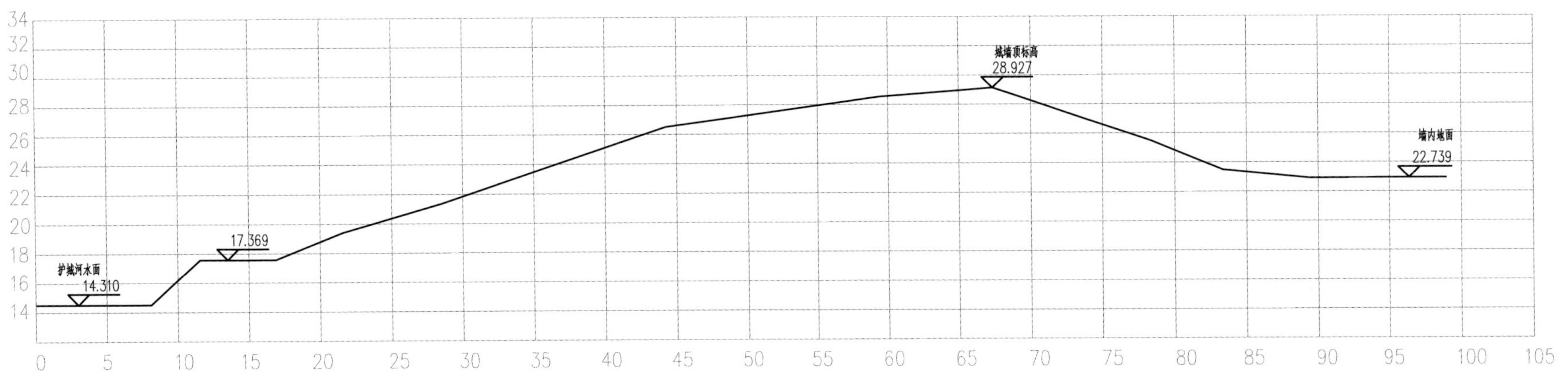


A005 南一北剖面

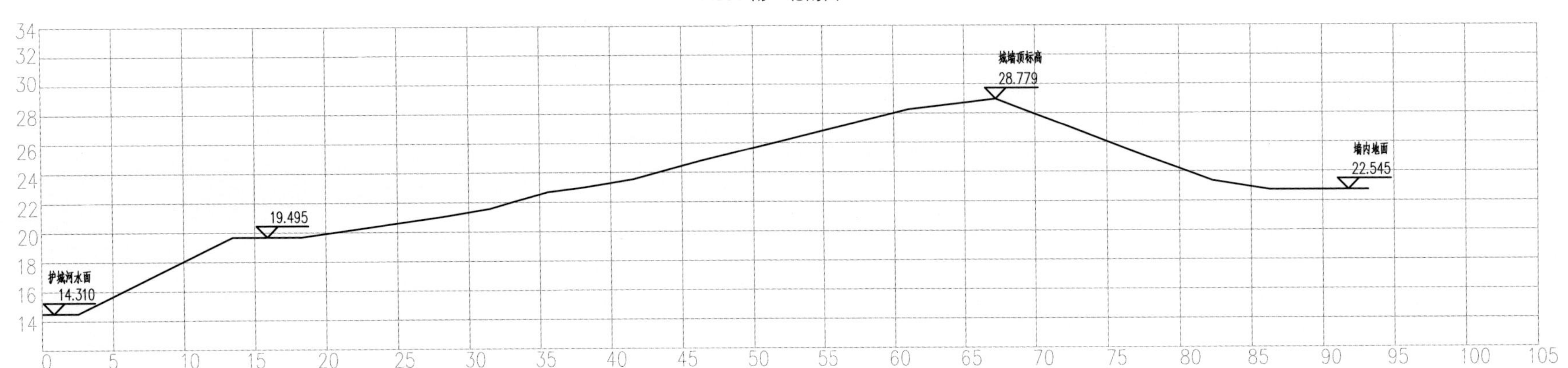


A006 南一北剖面

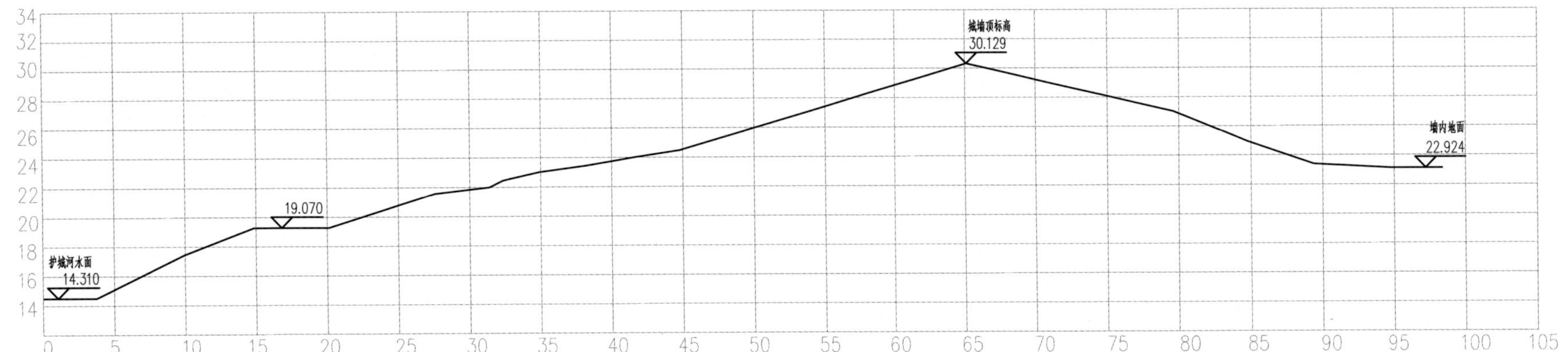

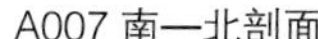

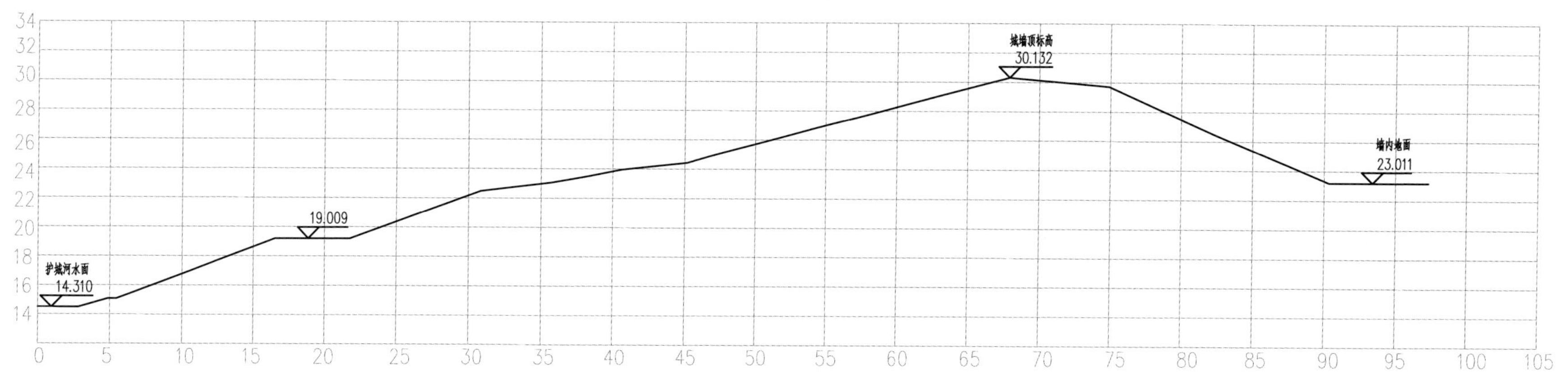


A008 南—北剖面

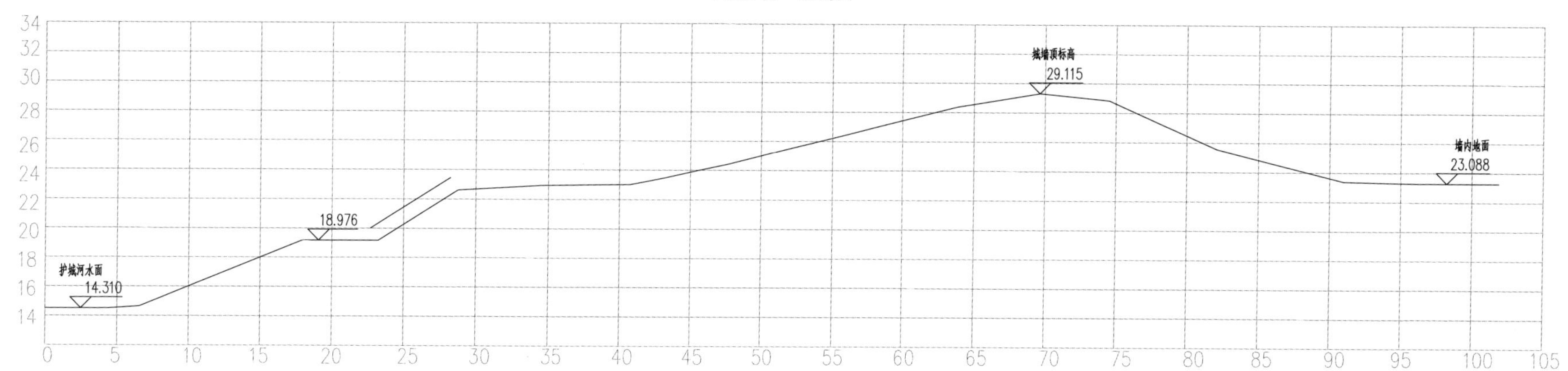


A009 南—北剖面

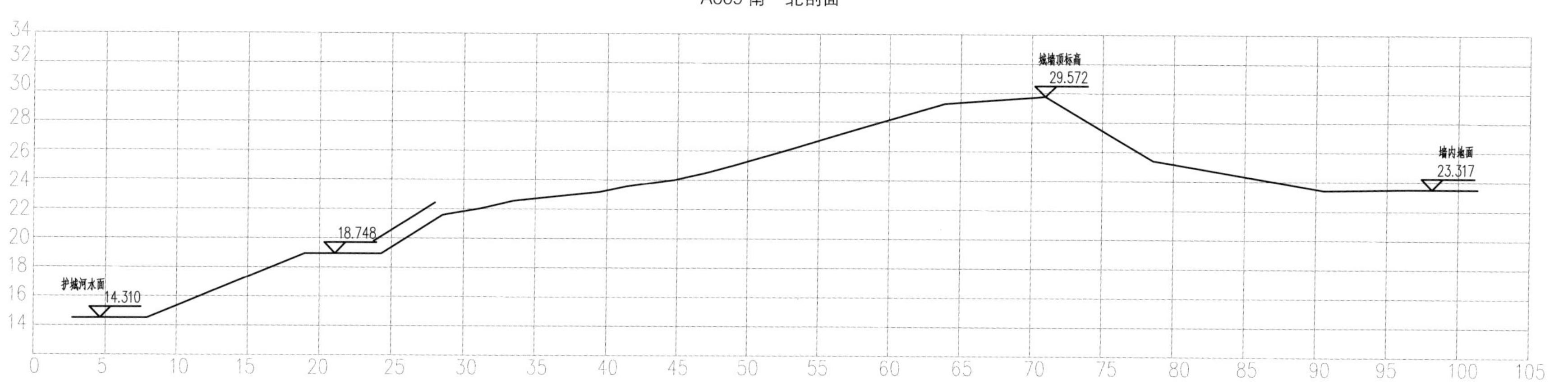

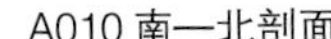

A010 南—北剖面

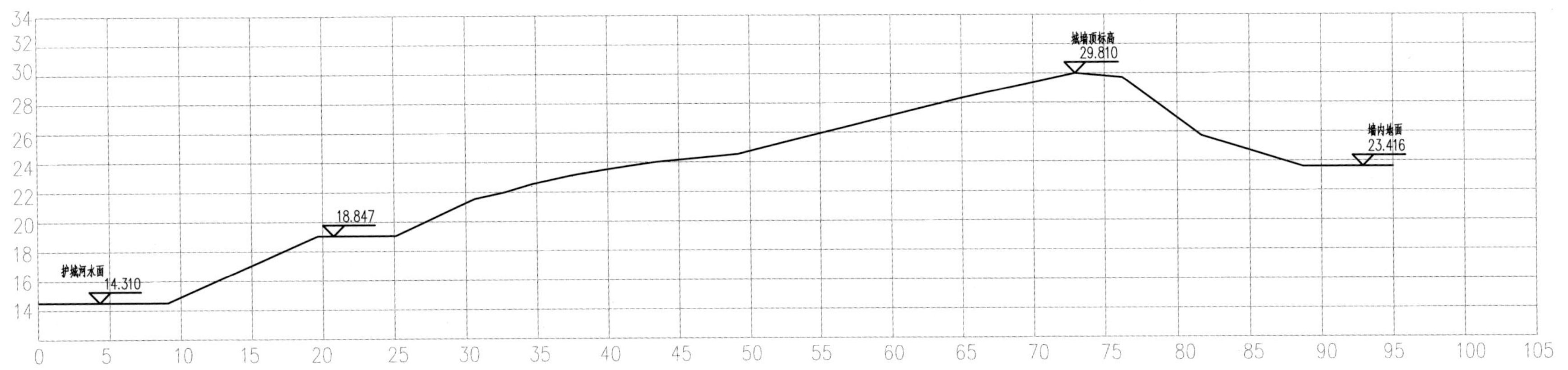


A011 南—北剖面

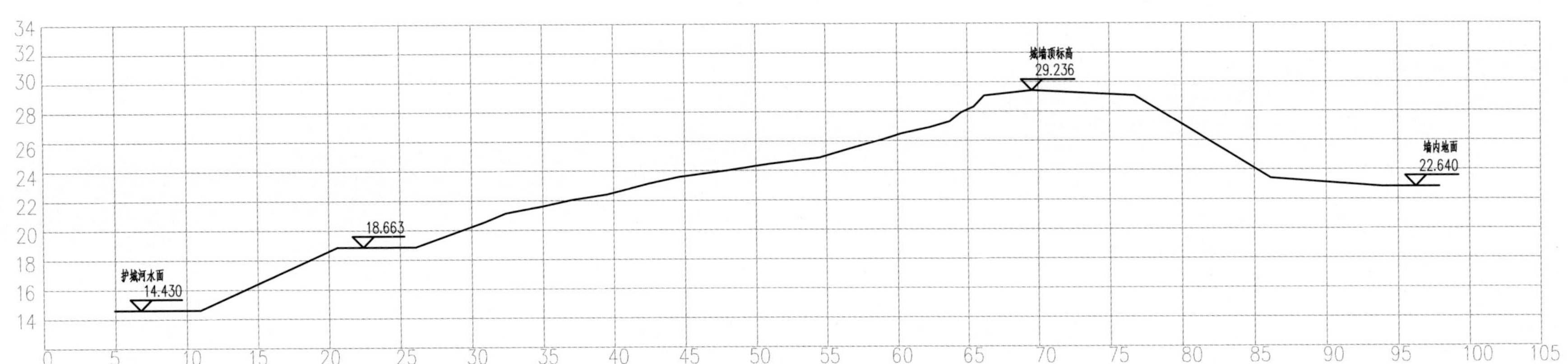


A012 南—北剖面

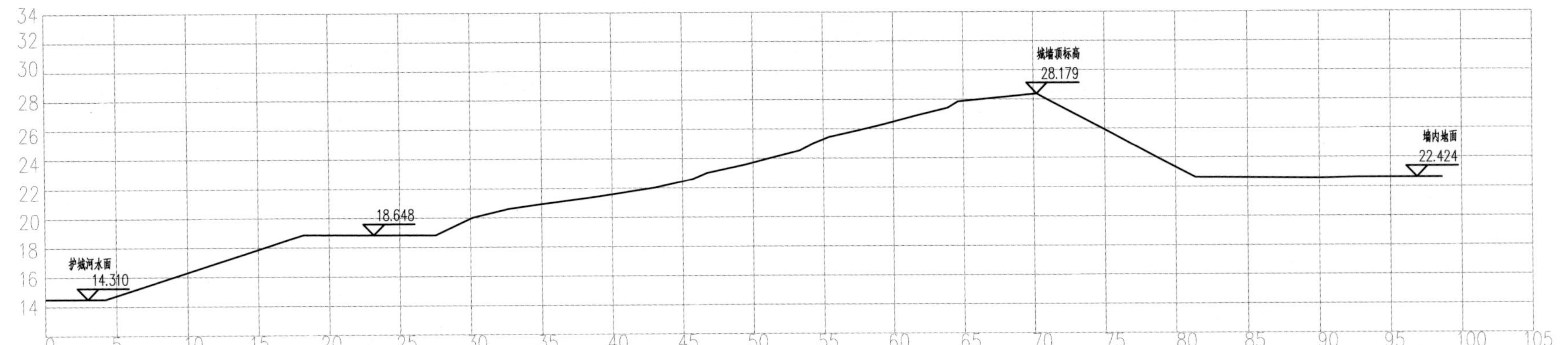

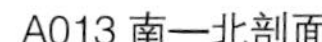

A013 南—北剖面

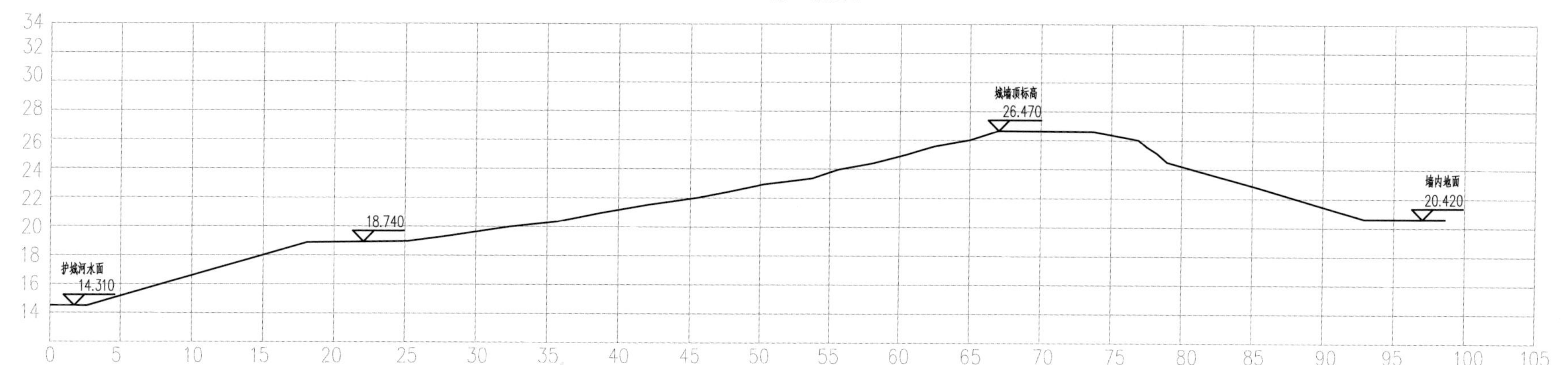


A014 南—北剖面

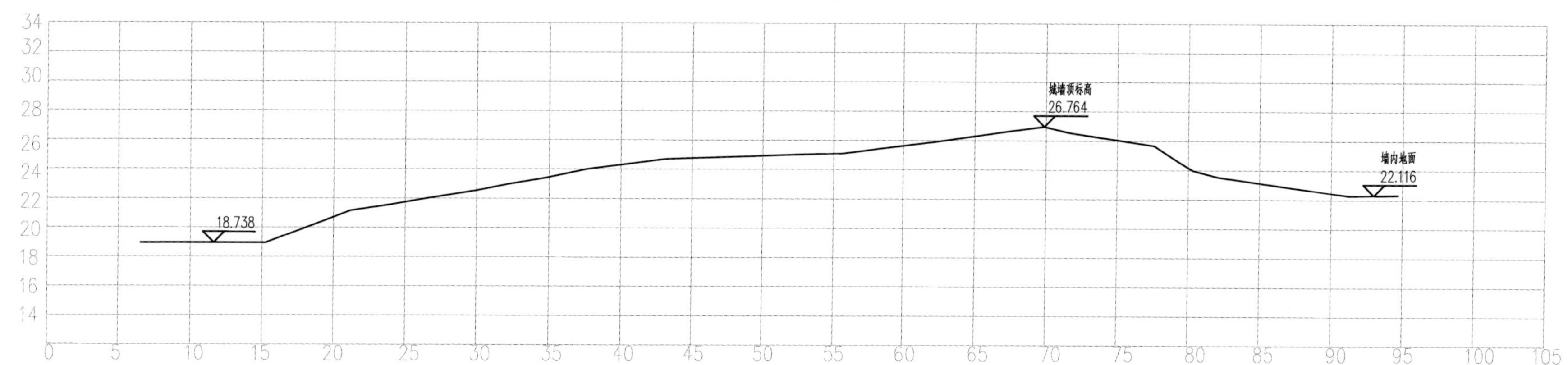


A015 南—北剖面

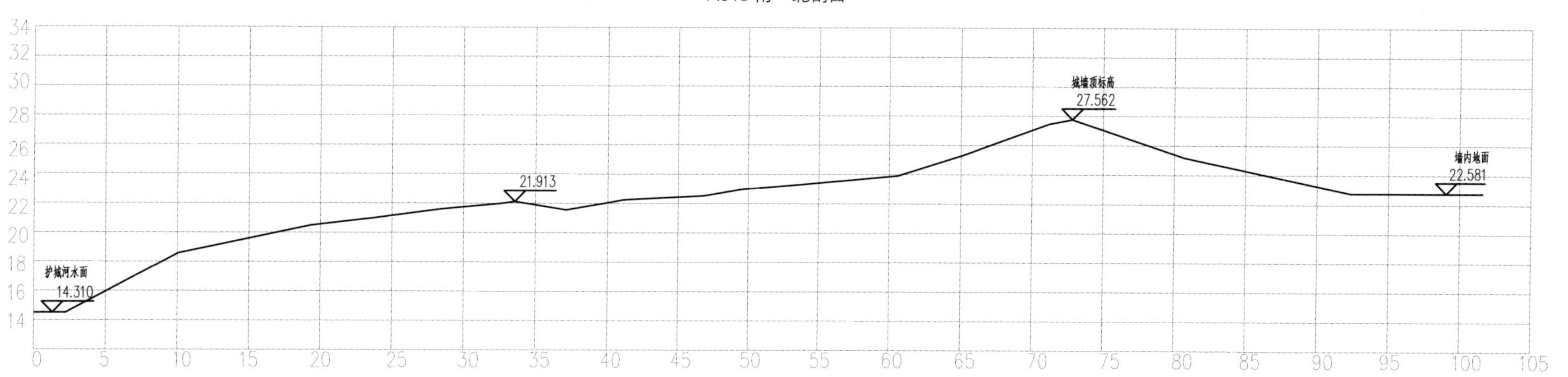

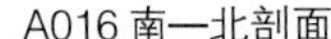

A016 南—北剖面

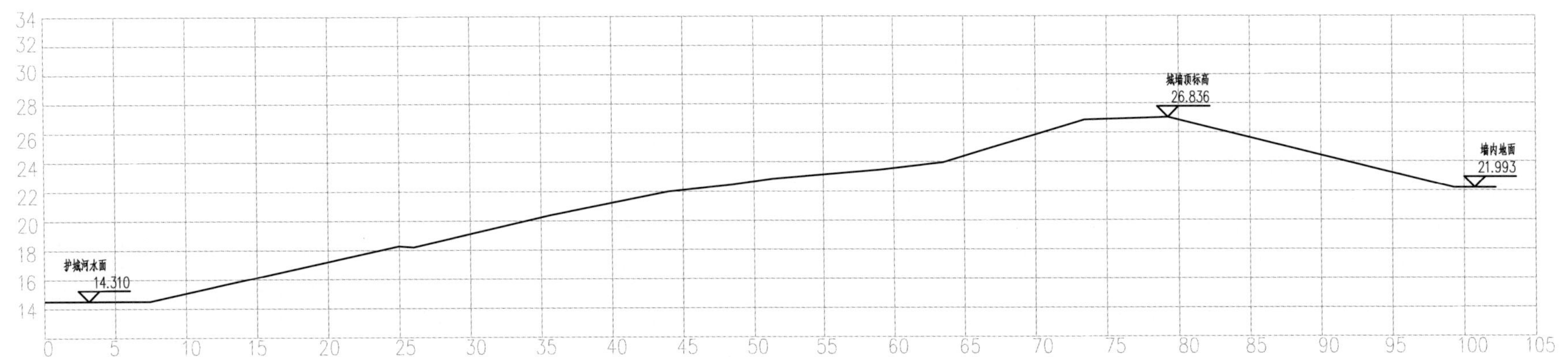


A017 南—北剖面

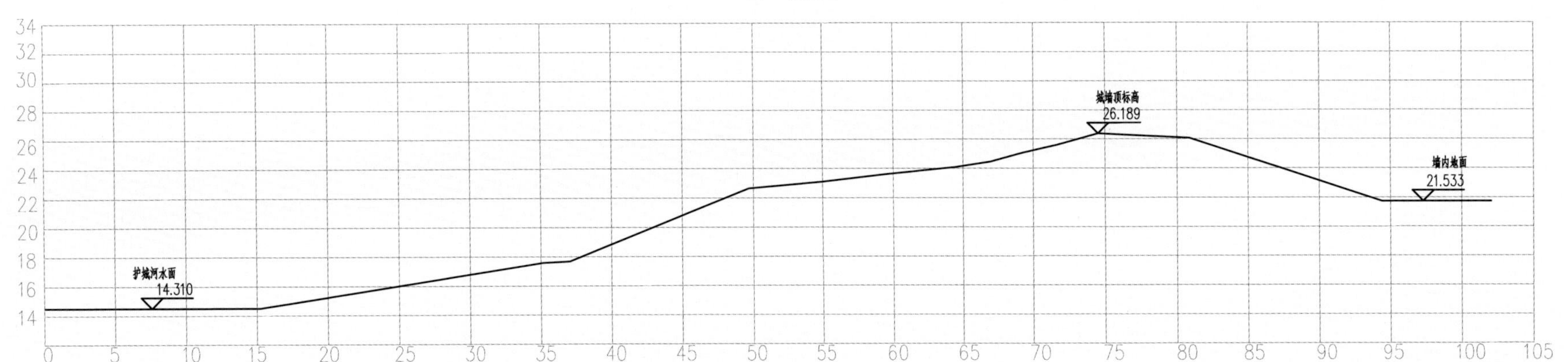


A018 南—北剖面

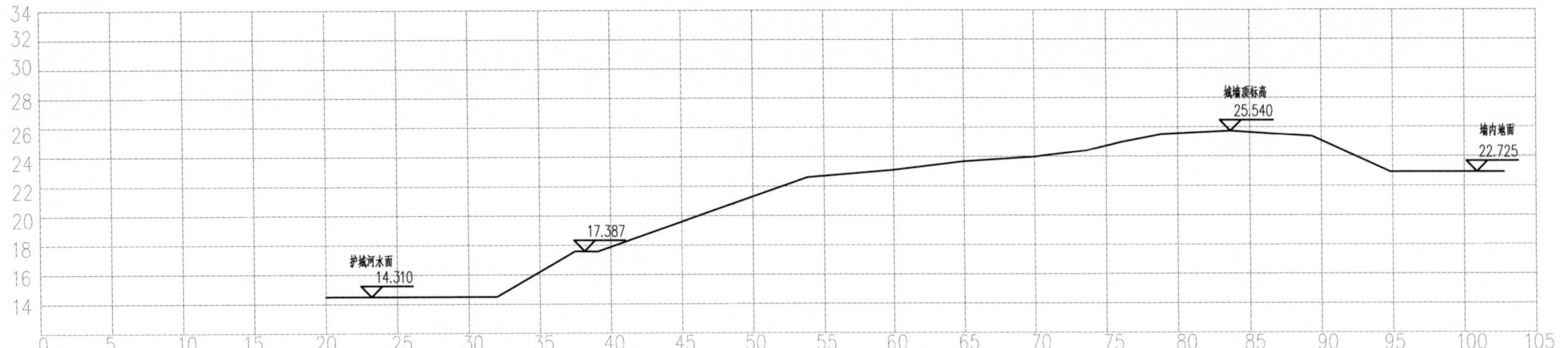

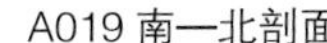

A019 南—北剖面

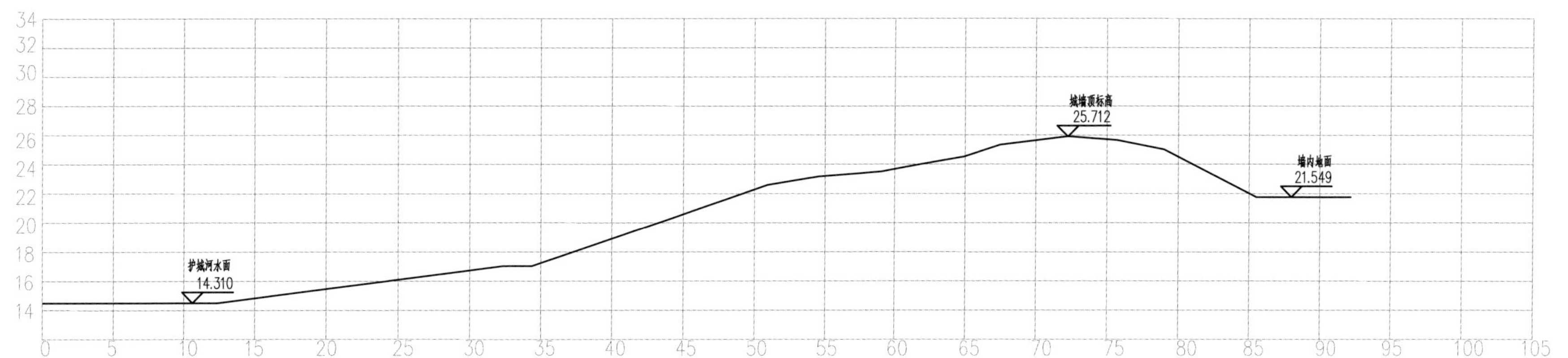


A020 南—北剖面

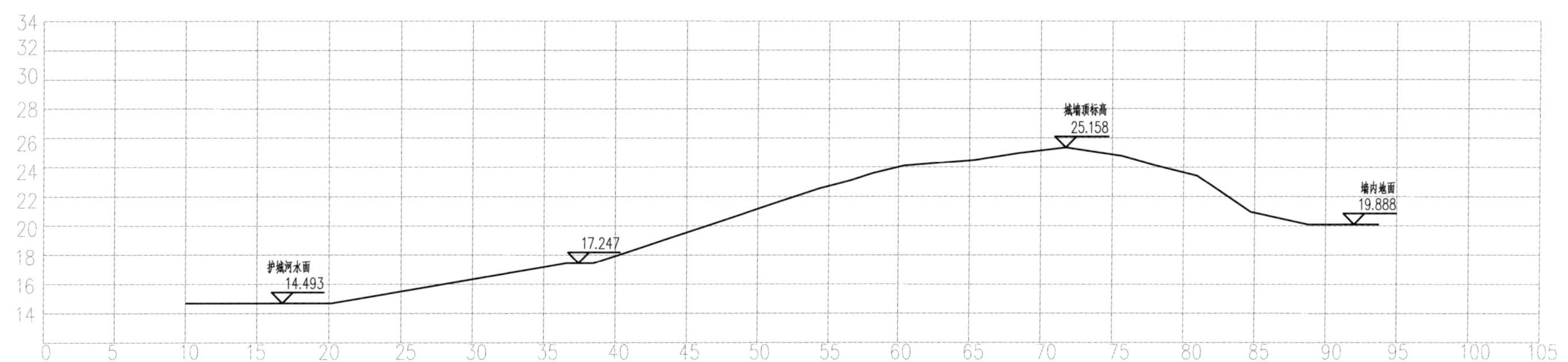


A021 南—北剖面

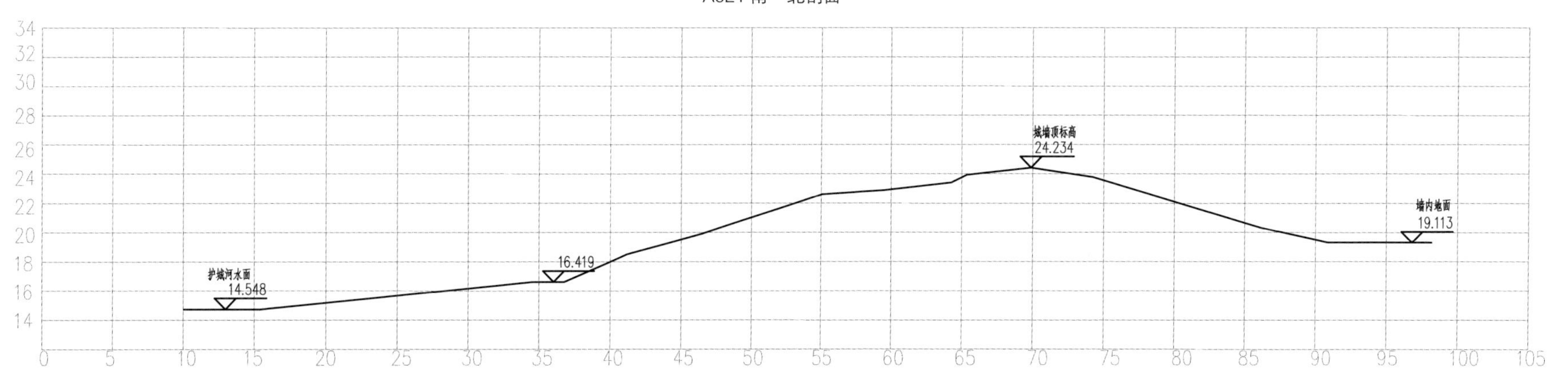

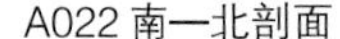

A022 南一北剖面

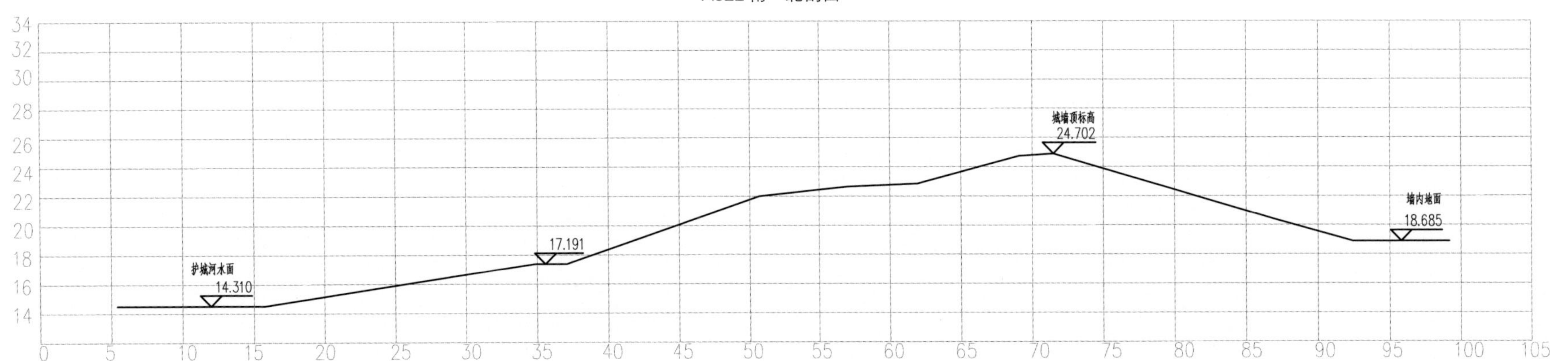


A023 南一北剖面

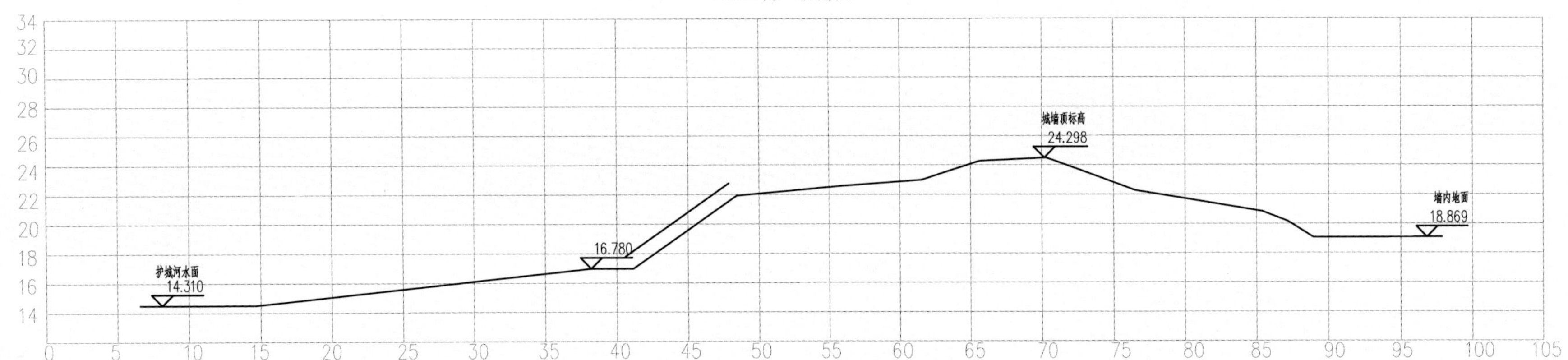


A024 南一北剖面

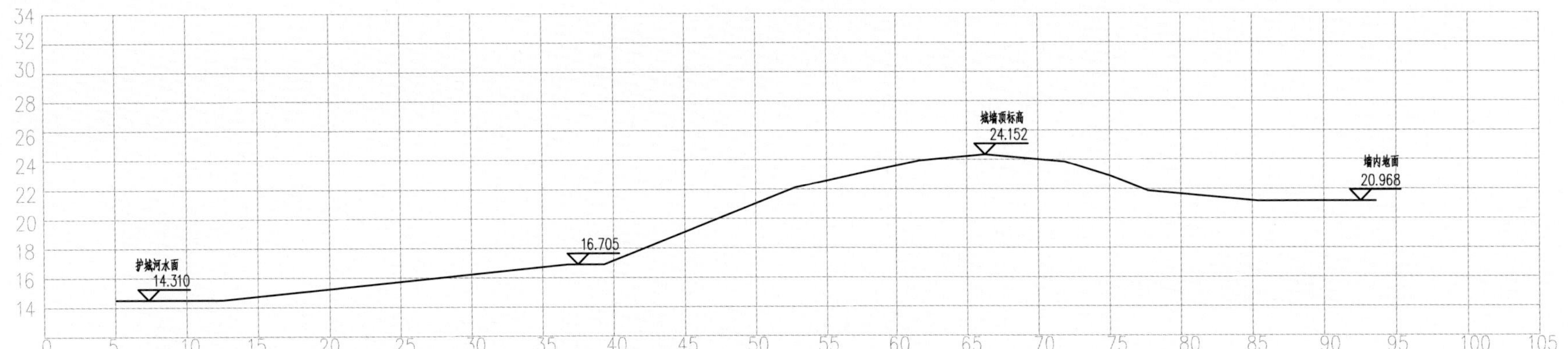

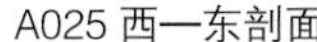

A025 西一东剖面

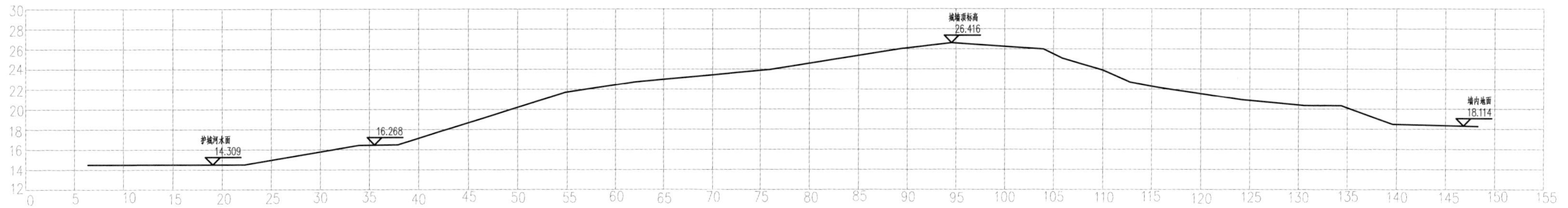


A026 西一东剖面

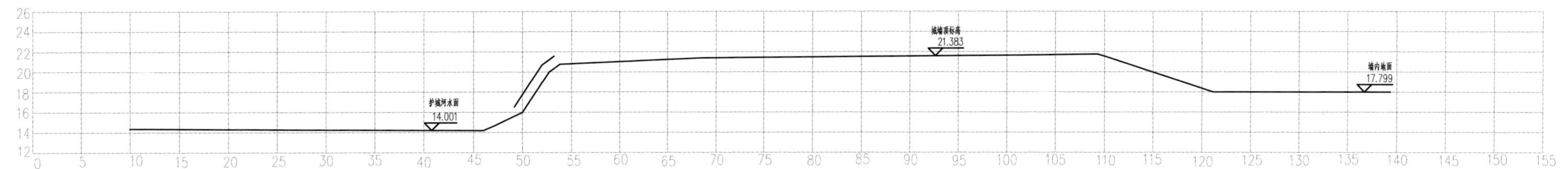


A027 西一东剖面

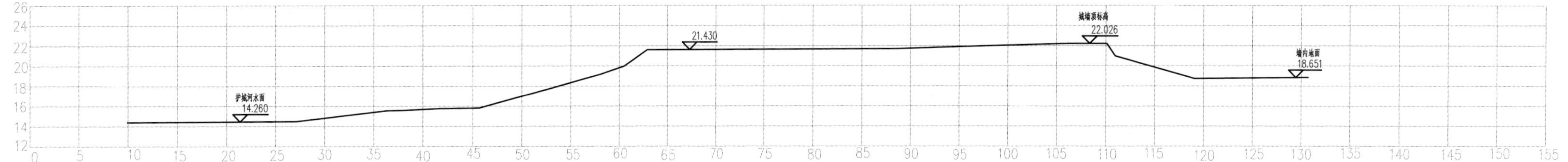


A028 西一东剖面

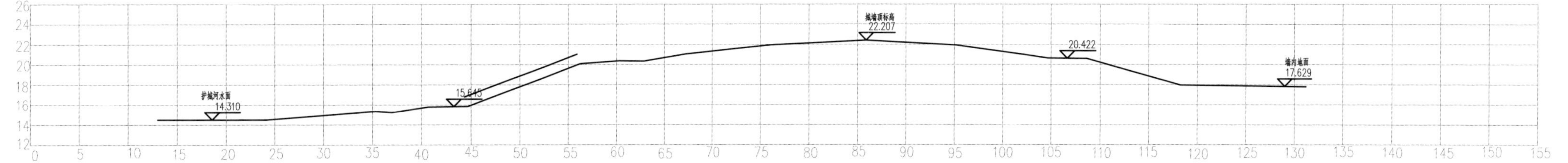

A029 西—东剖面

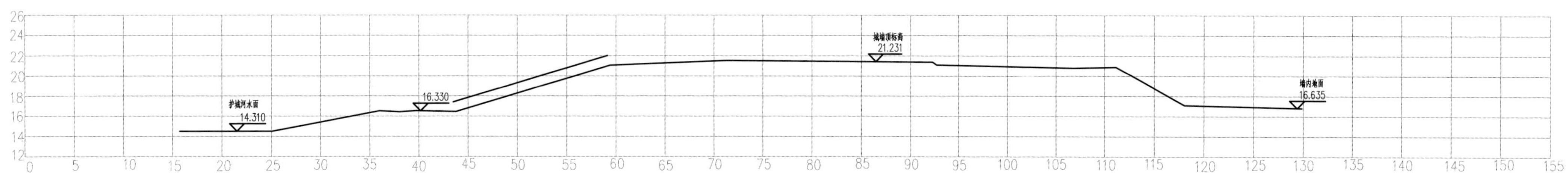


A030 西—东剖面

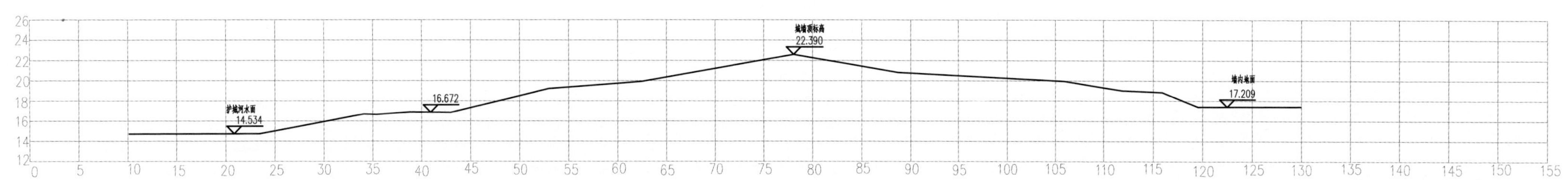


A031 西—东剖面

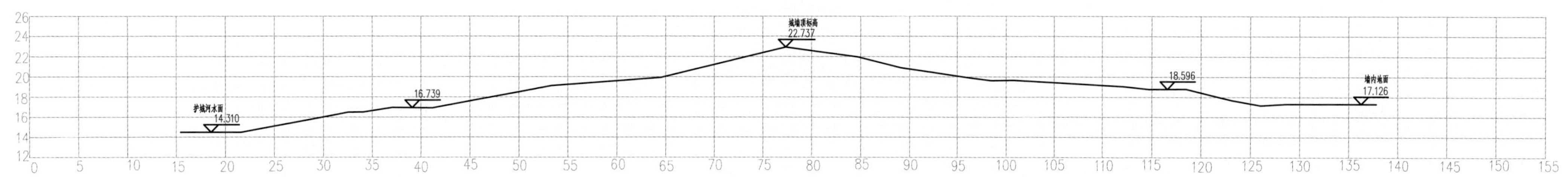


A032 西—东剖面

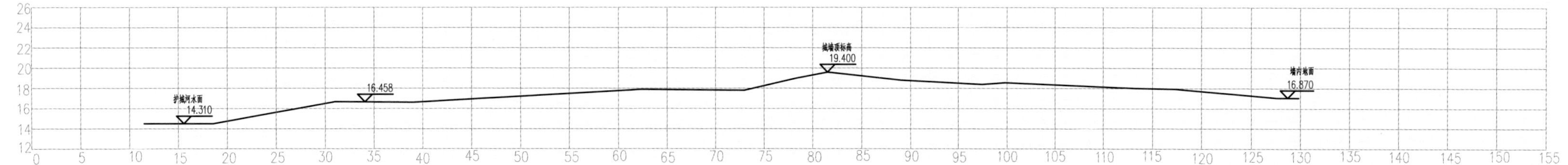

A033 西—东剖面

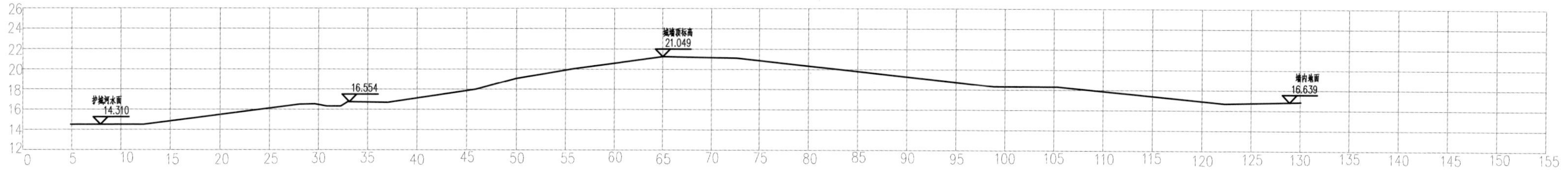


A034 西—东剖面

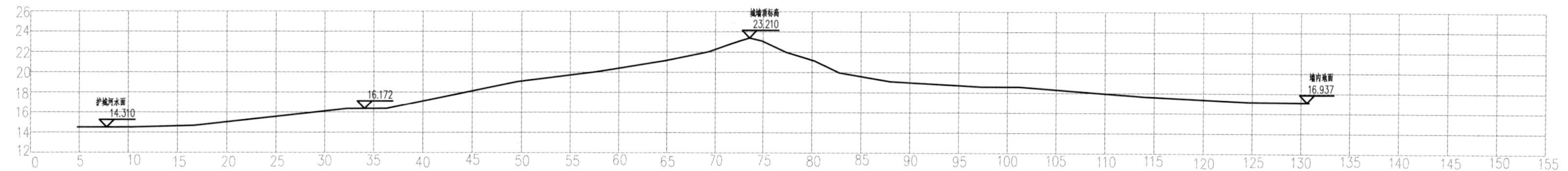


A035 西—东剖面

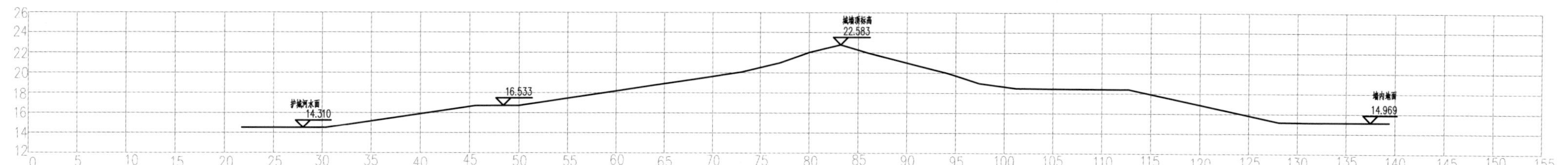


A036 西—东剖面

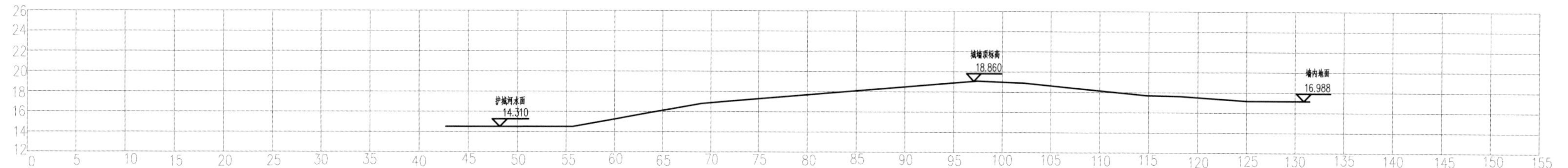

A037 西—东剖面

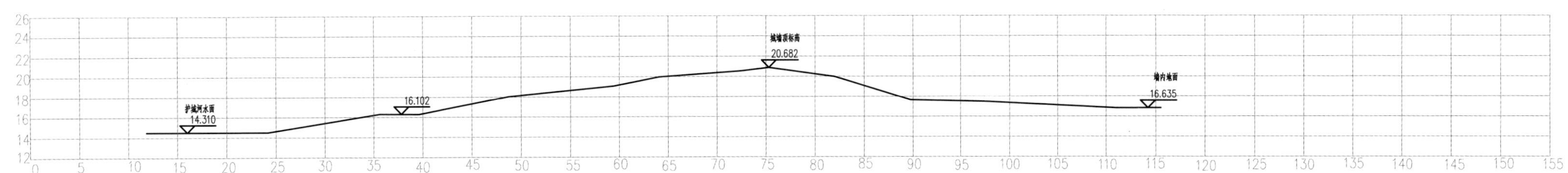


A038 西—东剖面

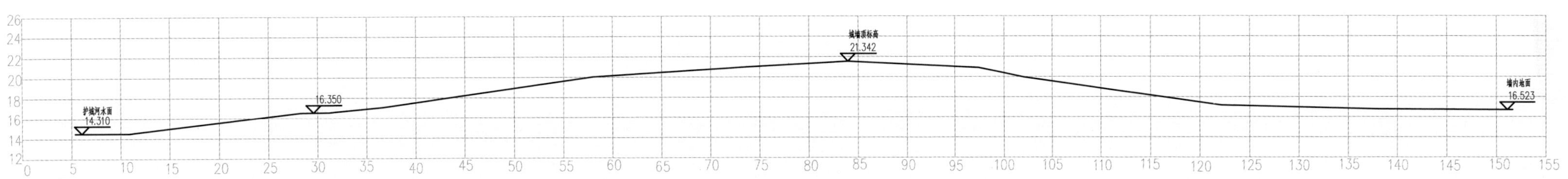


A039 东—西剖面

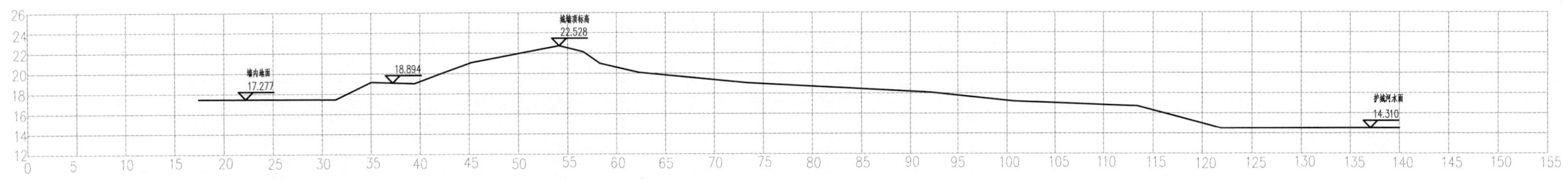


A040 东—西剖面

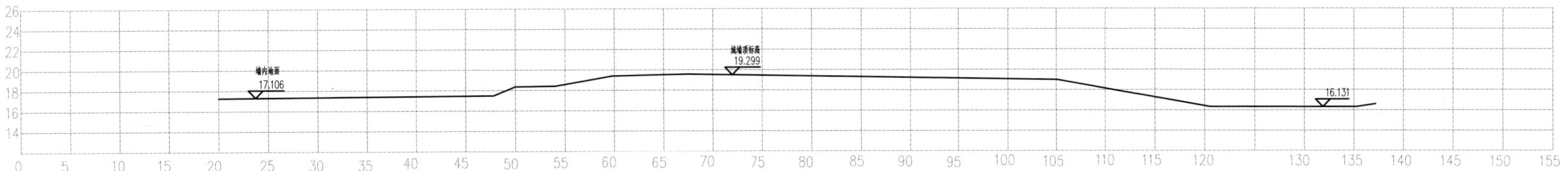

A041 东—西剖面

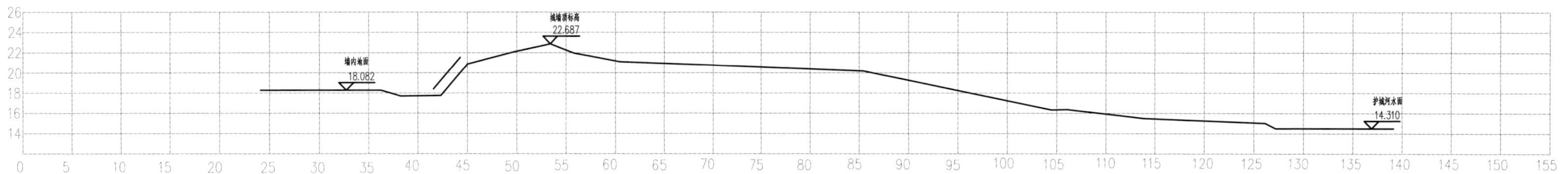


A042 东—西剖面

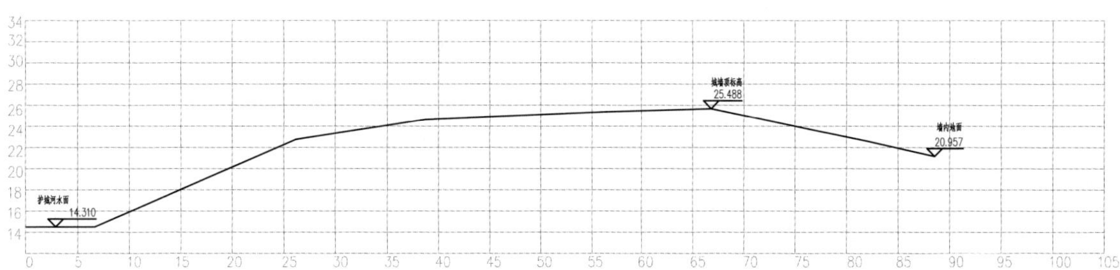


A043 东—西剖面

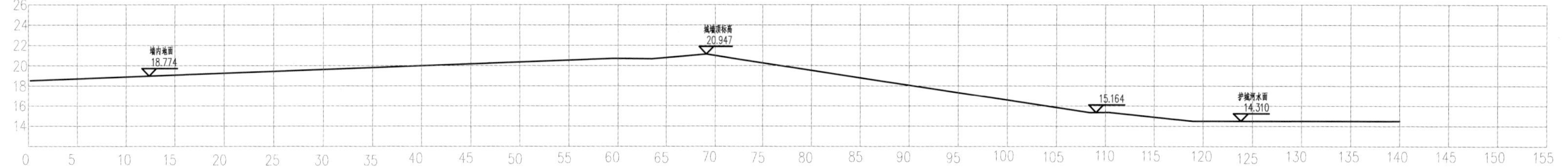


A044 东—西剖面

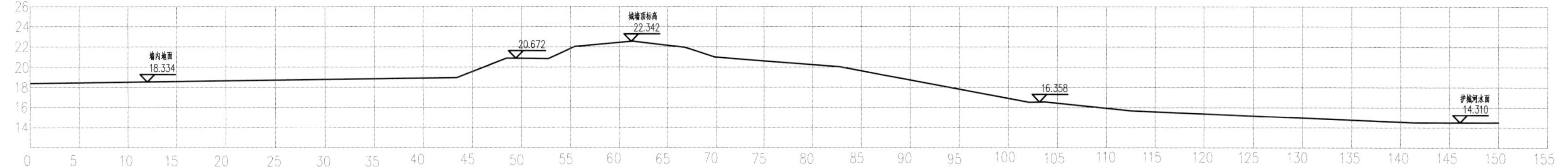

A045 东一西剖面

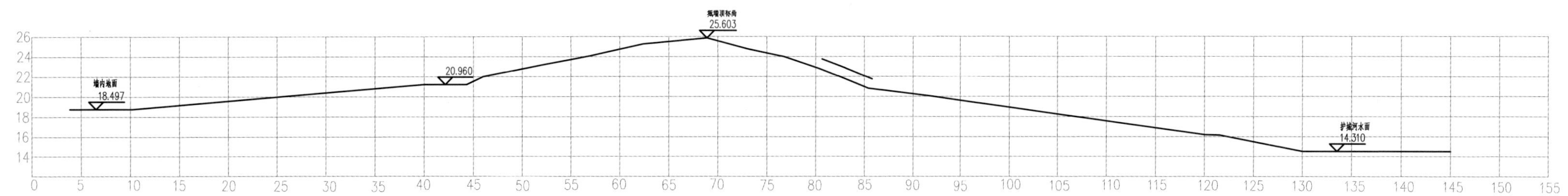


A046 南一北剖面

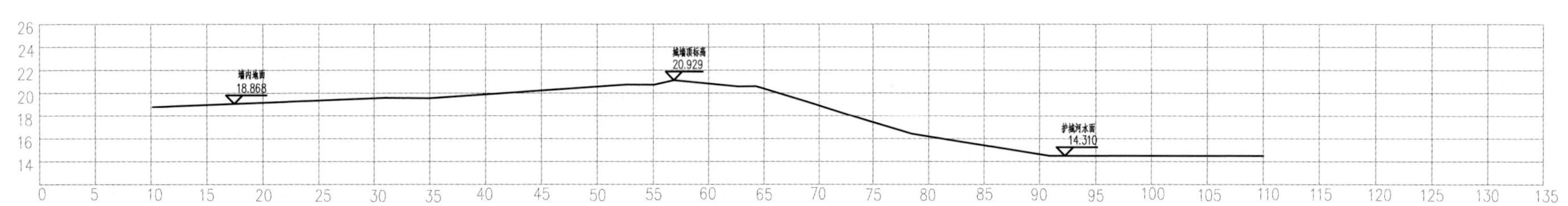


A047 南一北剖面

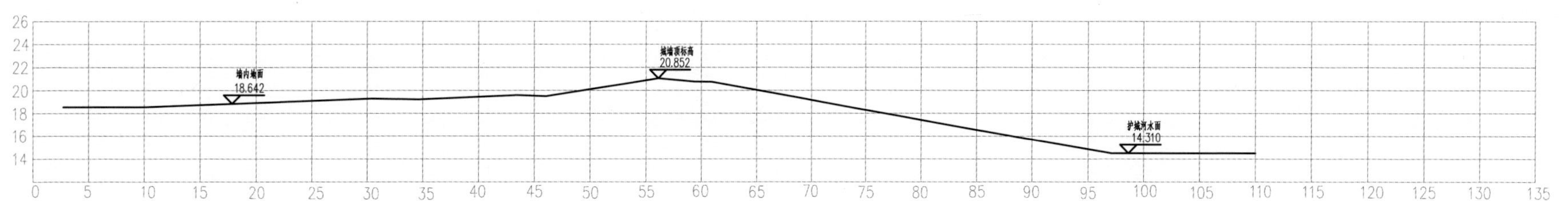


A048 南一北剖面

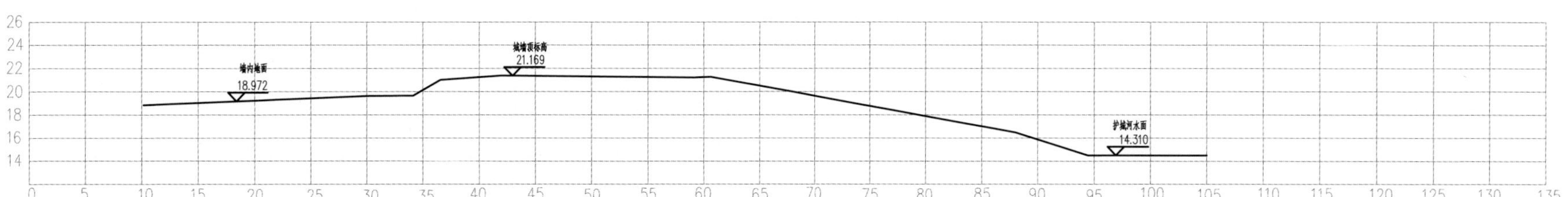

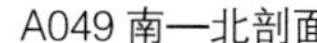

A049 南一北剖面

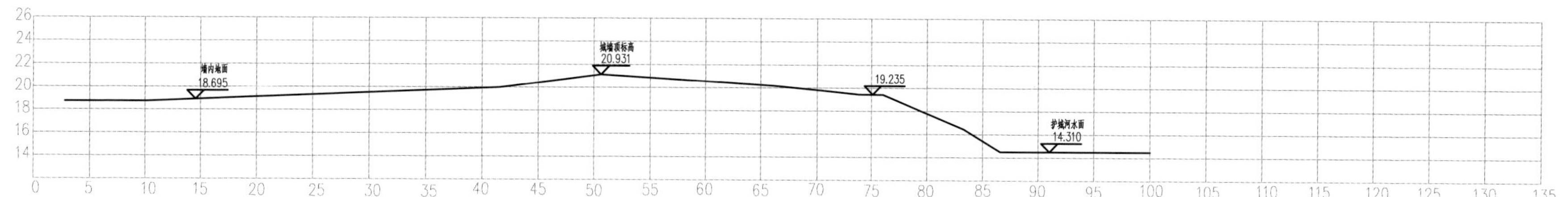


A050 南一北剖面

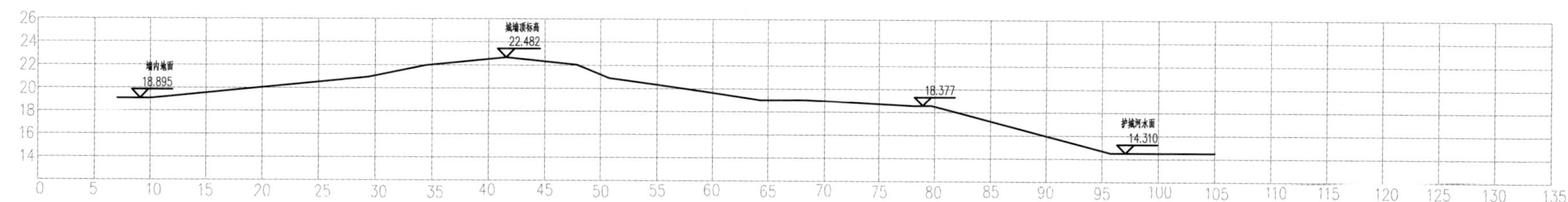


A051 南一北剖面

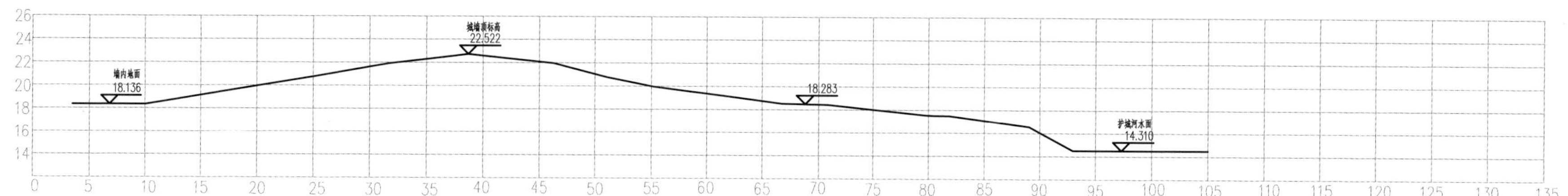


A052 南一北剖面

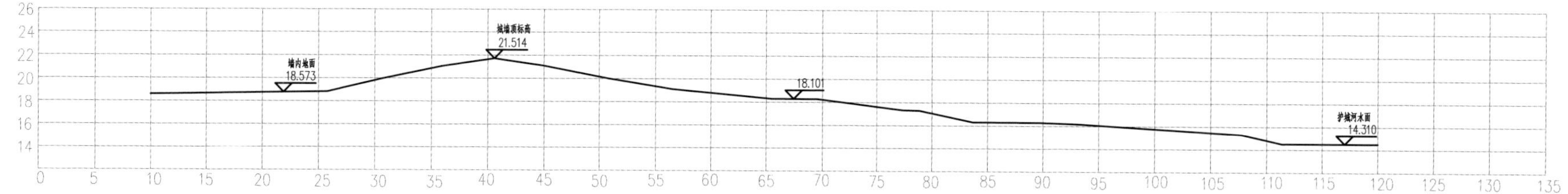

A053 南—北剖面

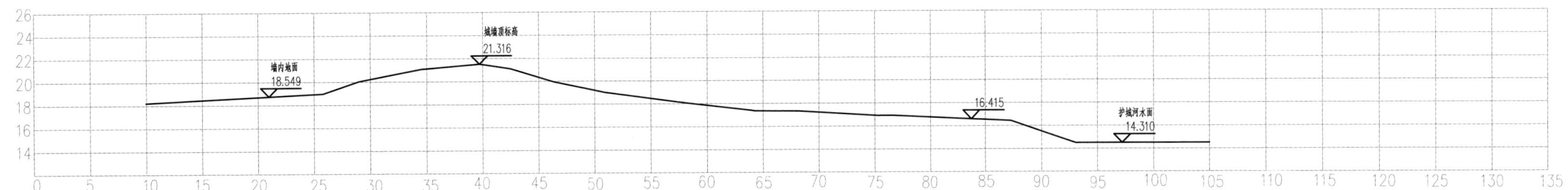


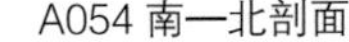
A054 南—北剖面

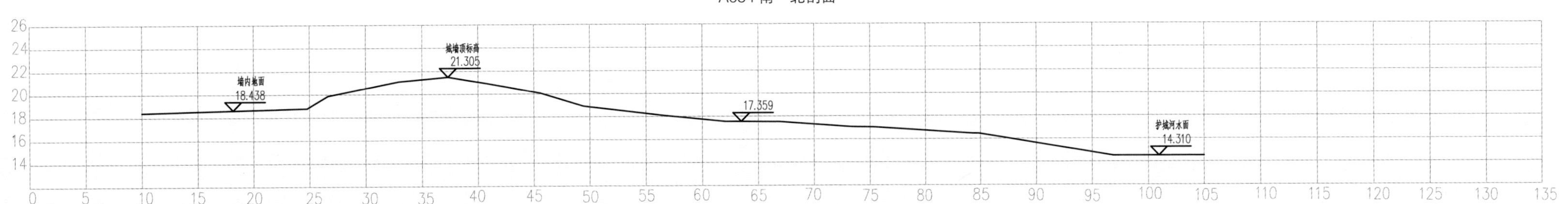


A055 南—北剖面

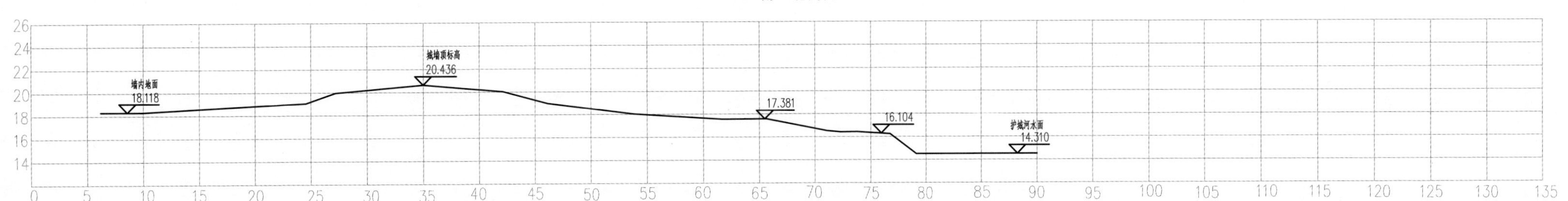


A056 南—北剖面

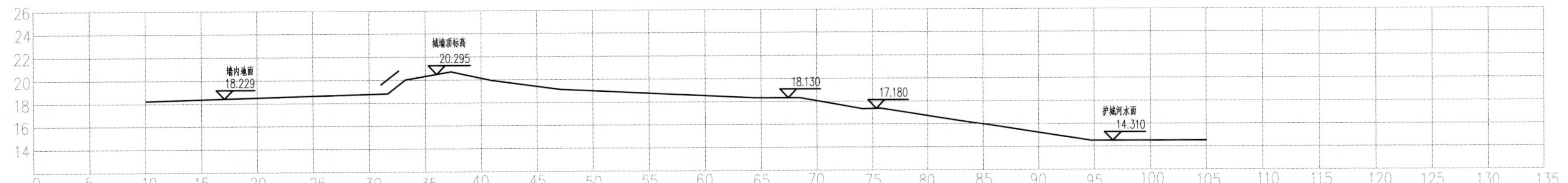

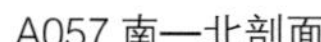

A057 南一北剖面

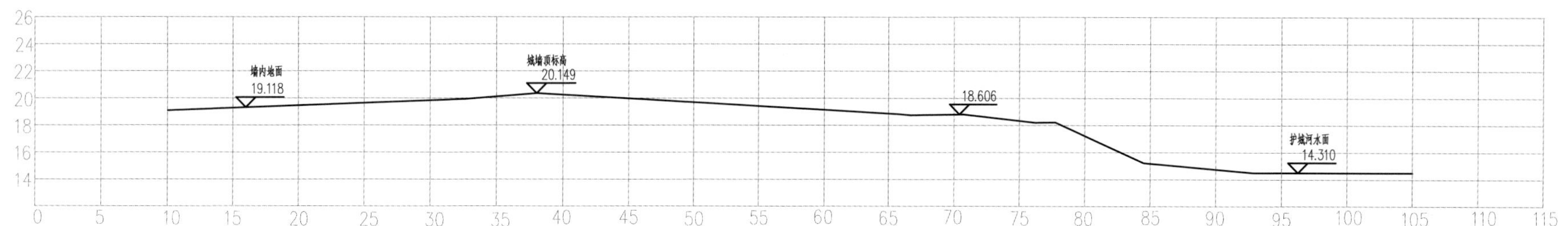


A058 南一北剖面

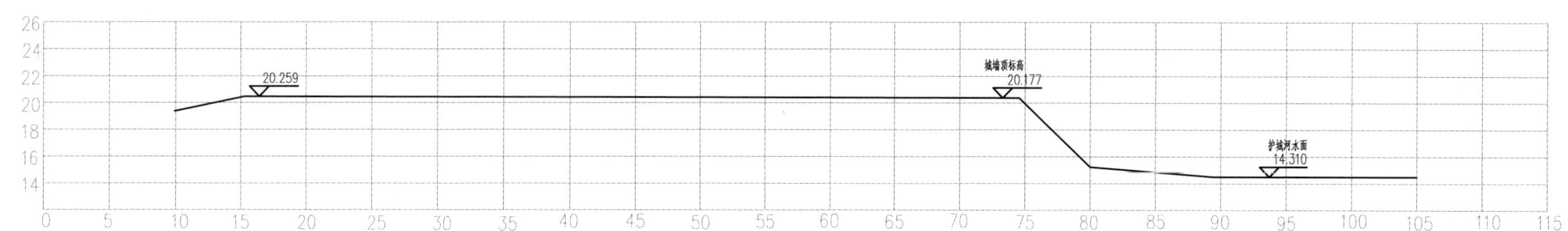


A059 南一北剖面

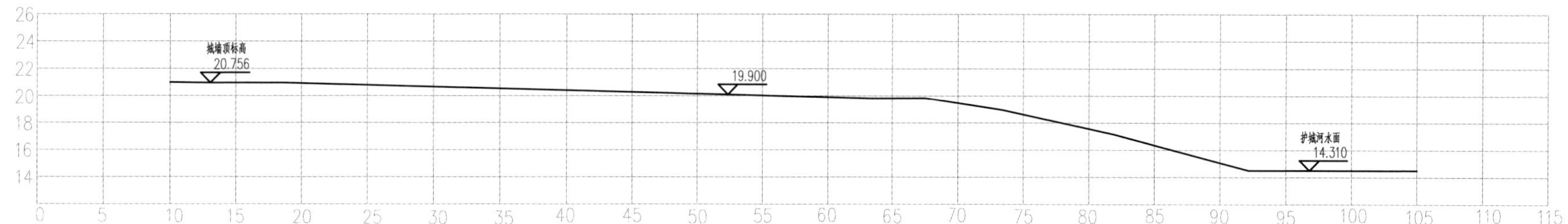


A060 南一北剖面

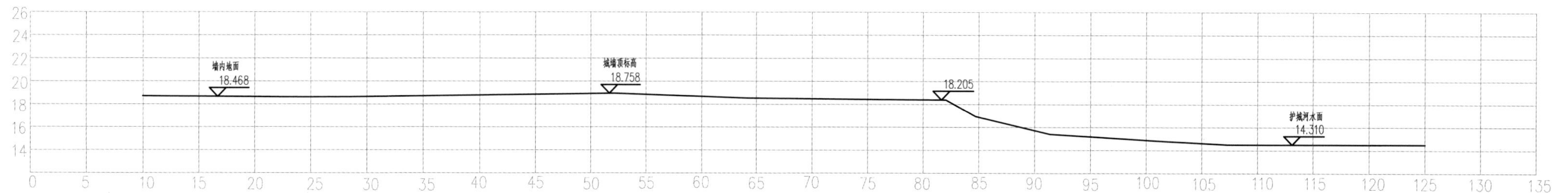

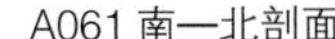


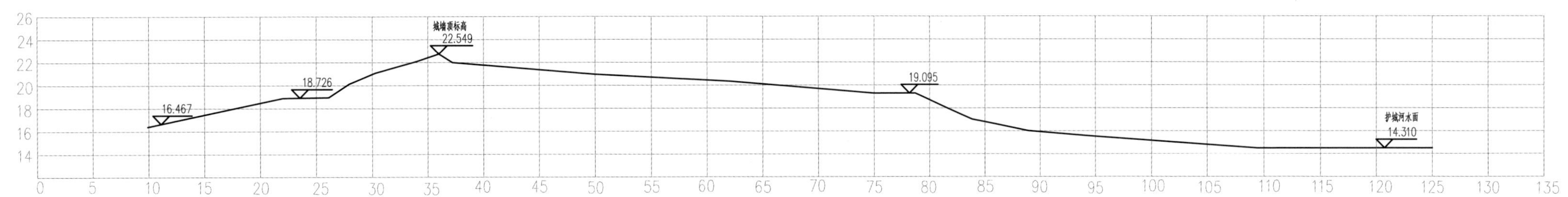


A062 南—北剖面

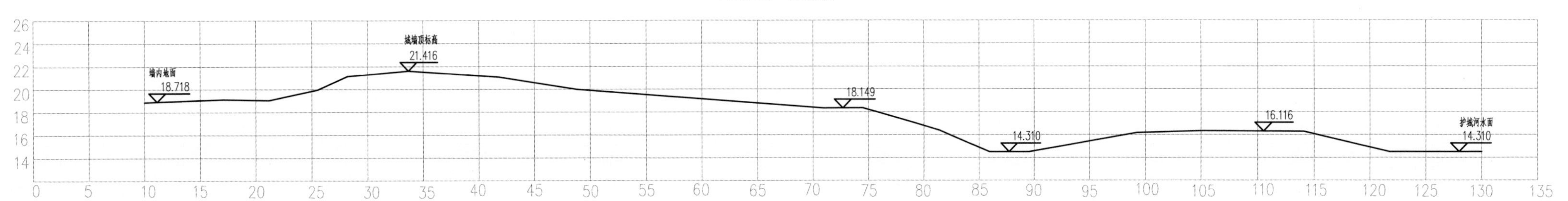


A063 南—北剖面

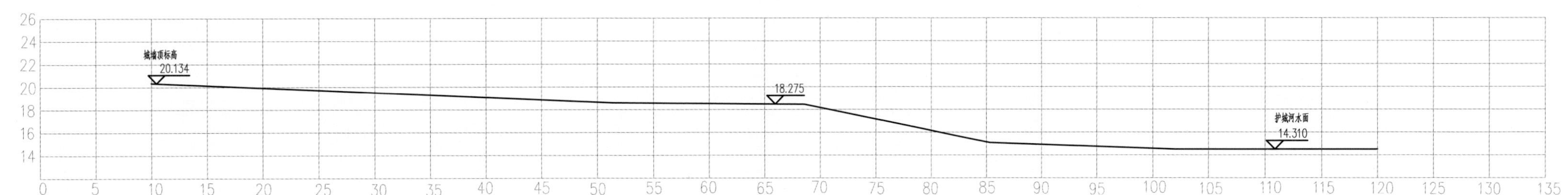


A064 南—北剖面

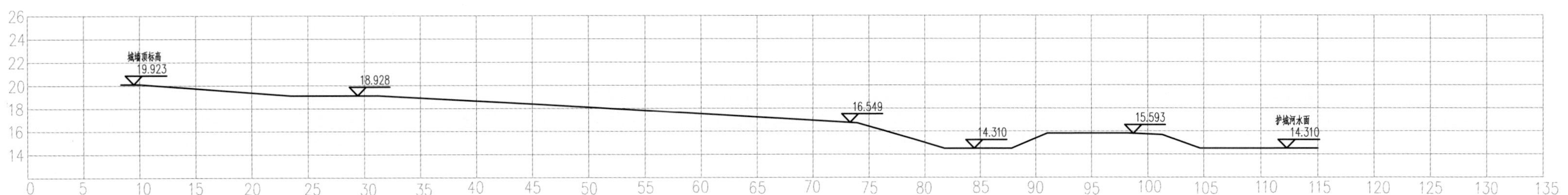

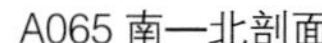

### A065 南一北剖面

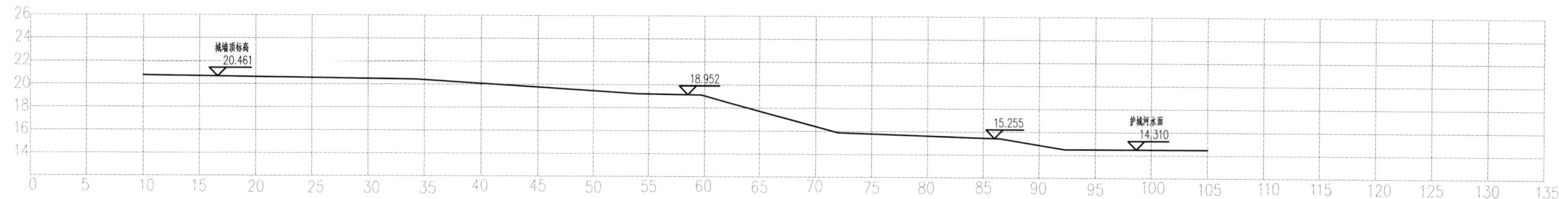


### A066 南一北剖面

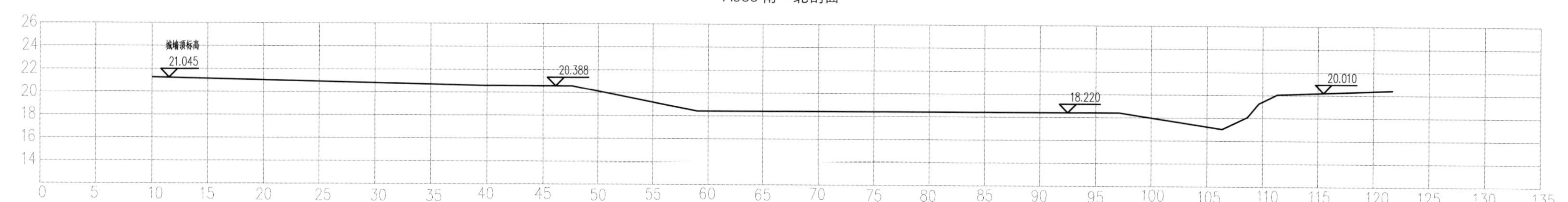


### E001 南一北剖面

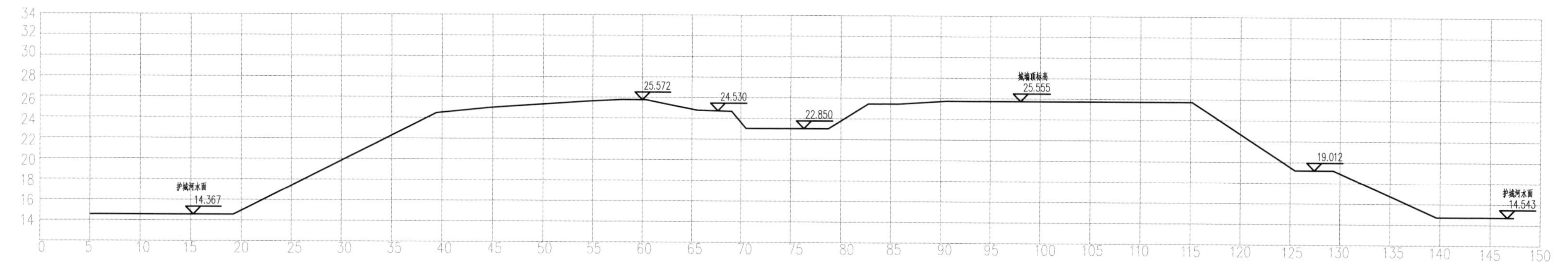

E002 南—北剖面

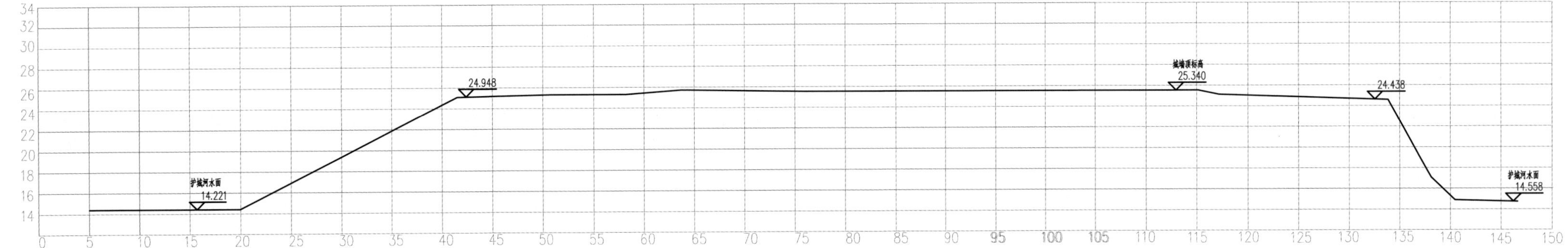


E003 南—北剖面

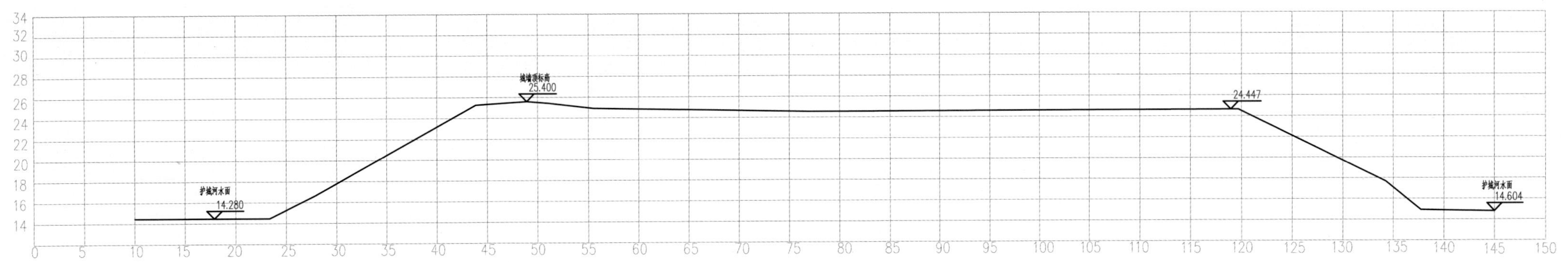


E004 南—北剖面

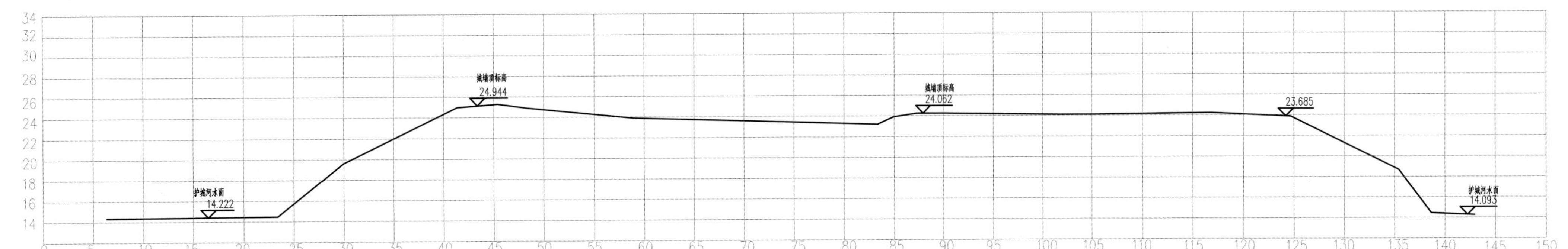

E005 南一北剖面

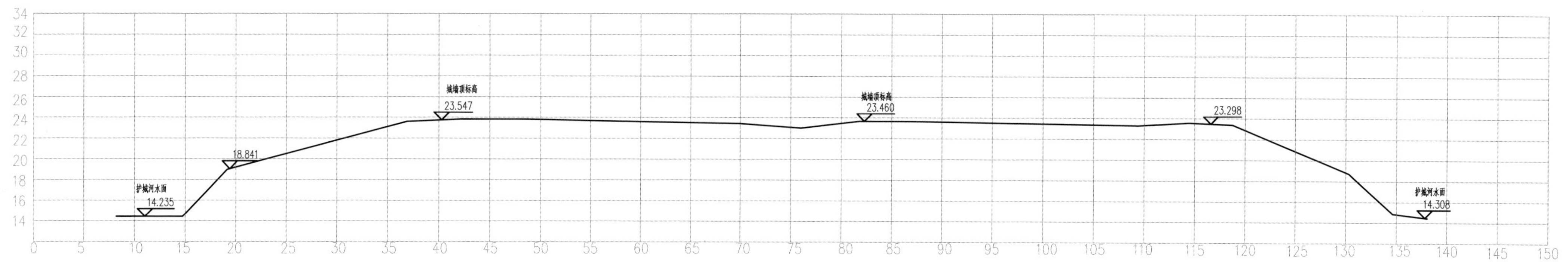


E006 南一北剖面

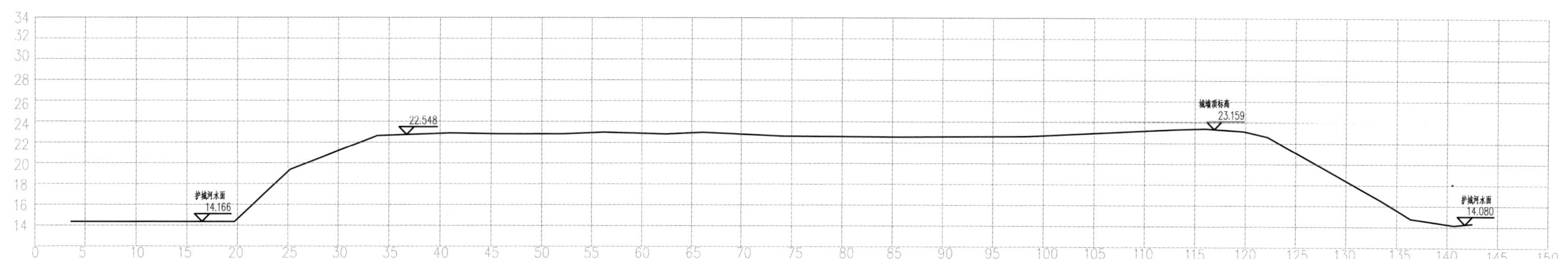


E007 南一北剖面

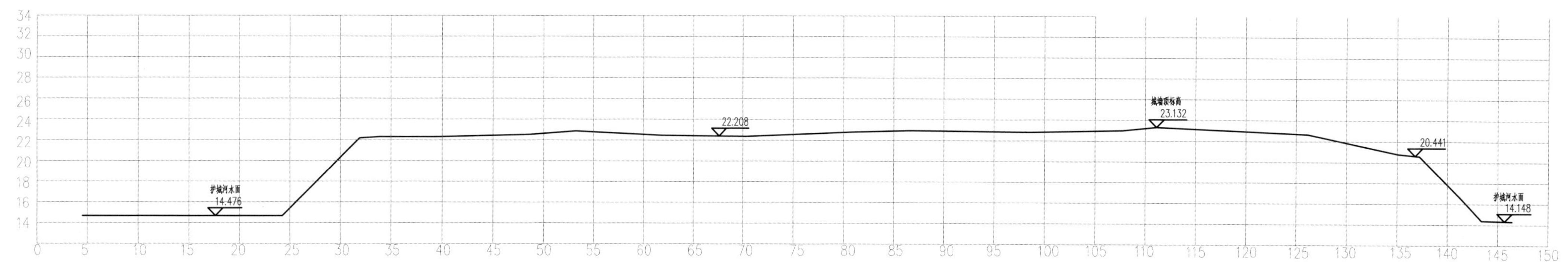

B001 剖面

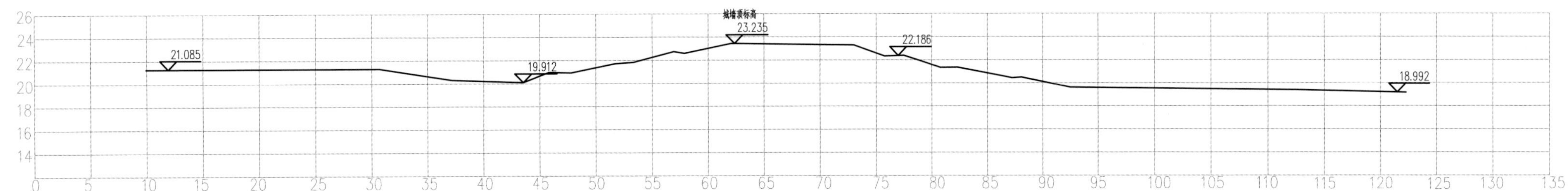


B002 剖面

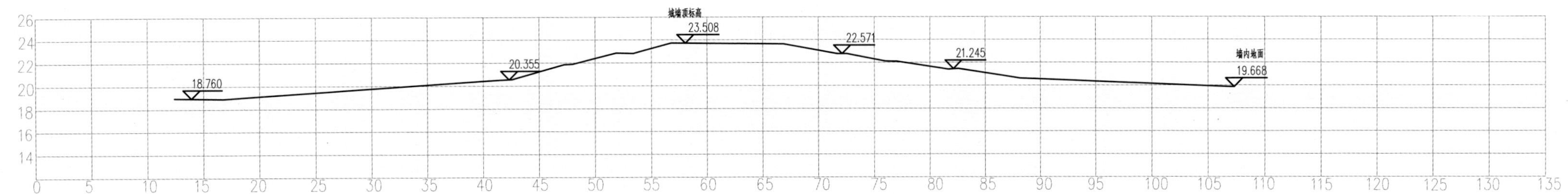


B003 剖面

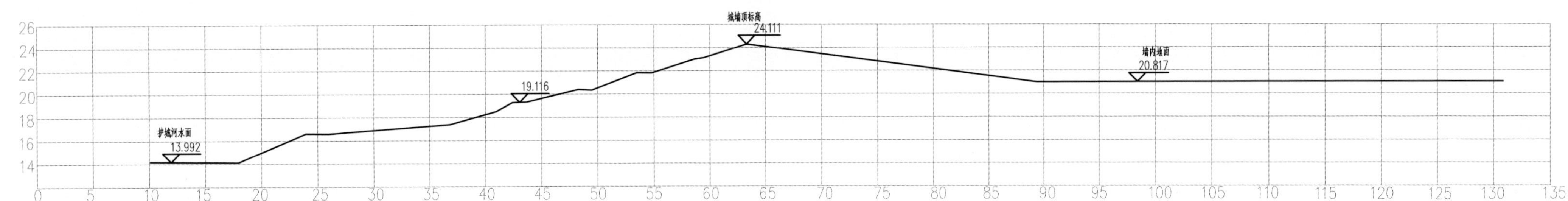

B004 剖面

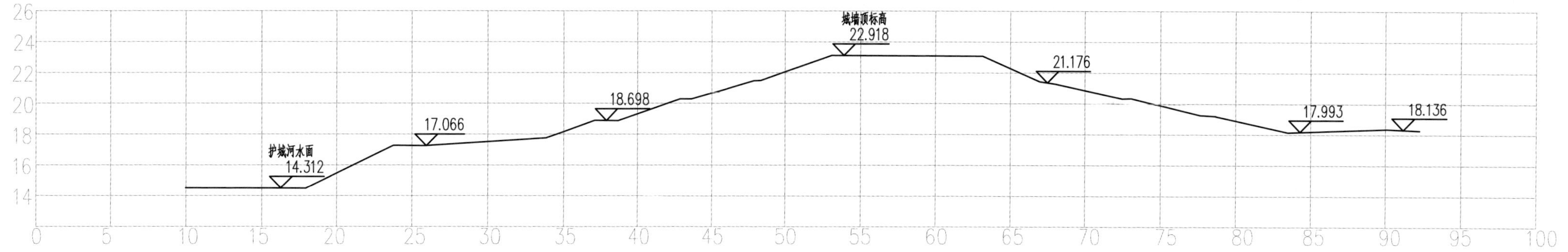


B005 剖面

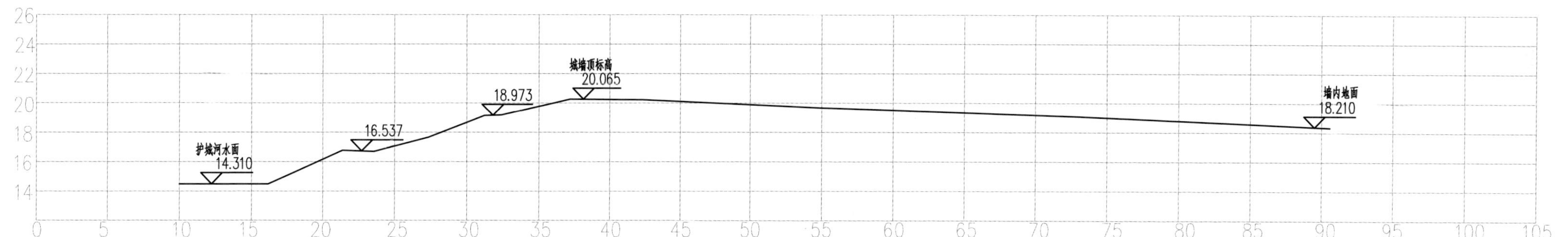


B006 剖面

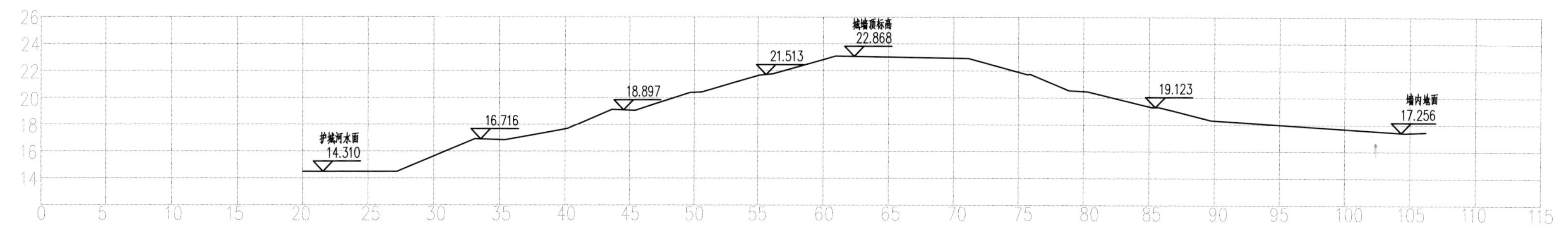

C001 剖面

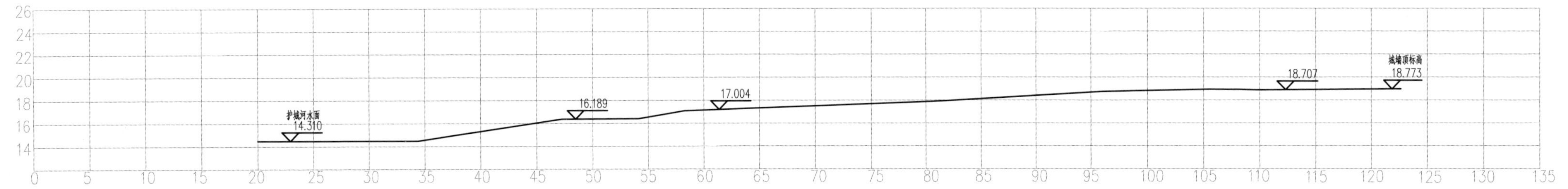


C002 剖面

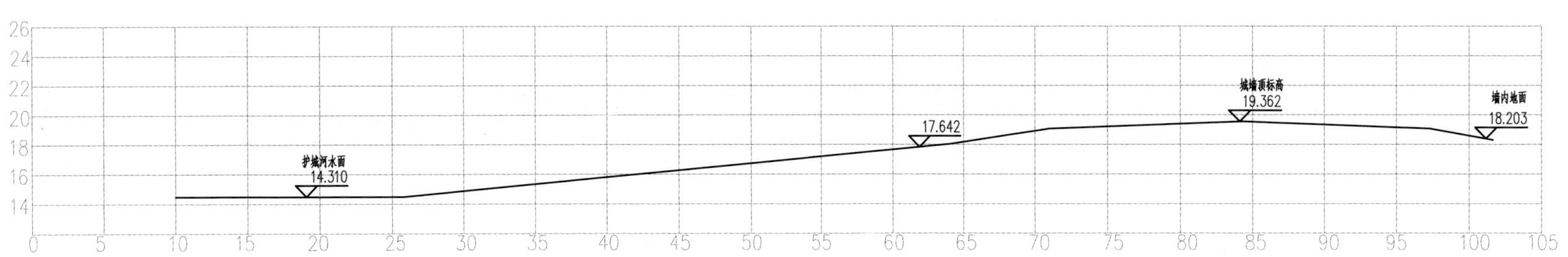


C003 剖面

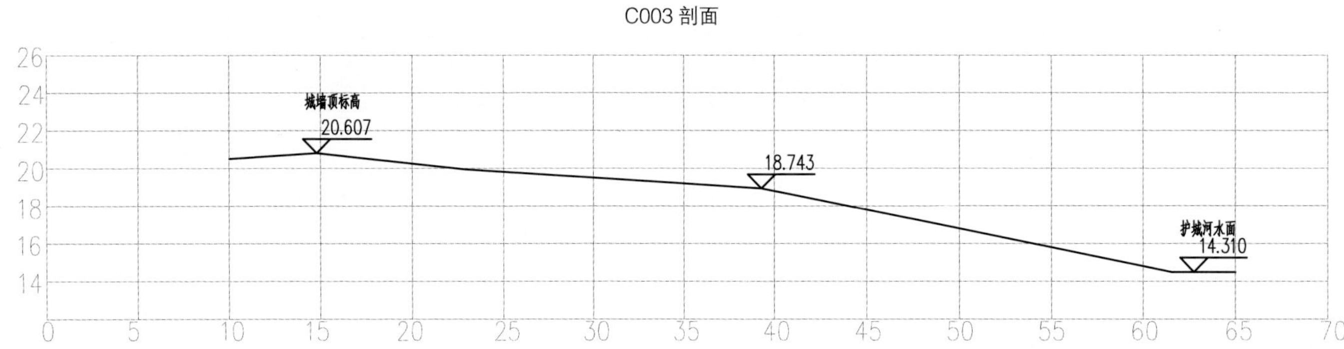

C004 剖面

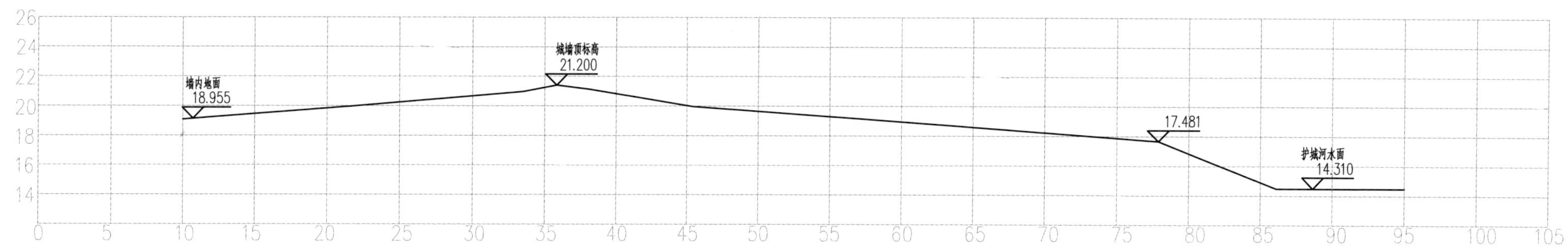


C005 剖面

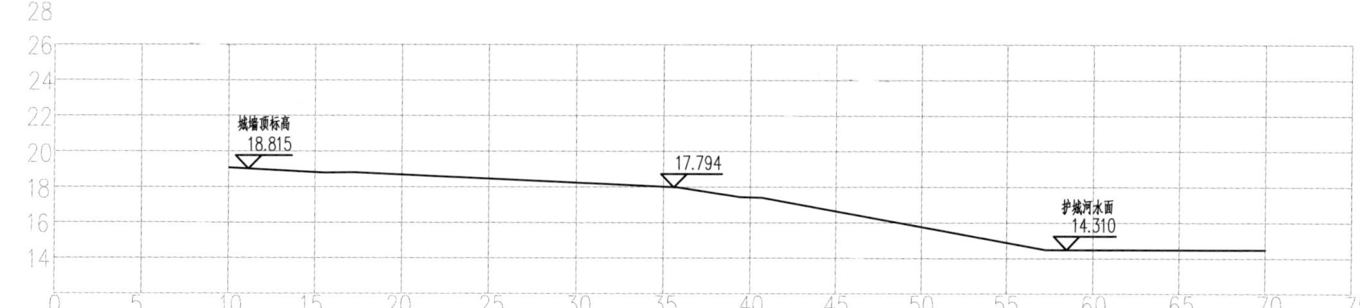


D001 剖面

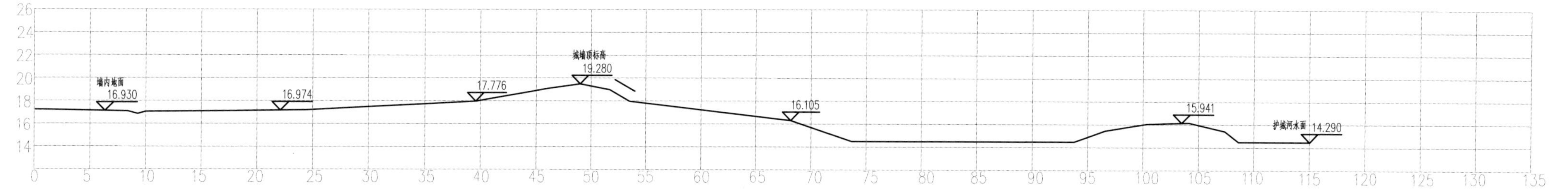

D002 剖面

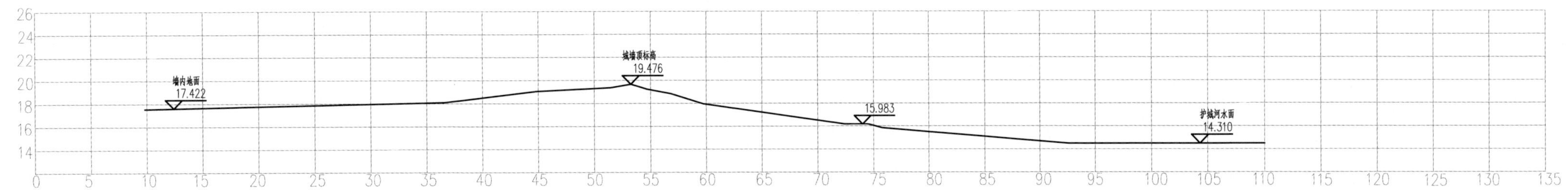


D003 剖面

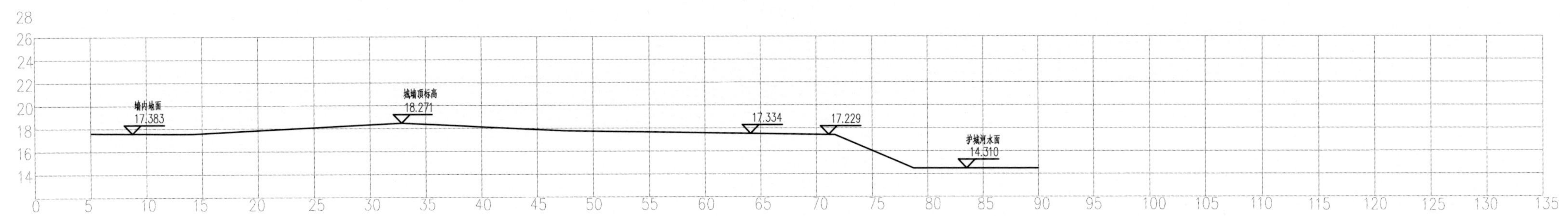


D004 剖面

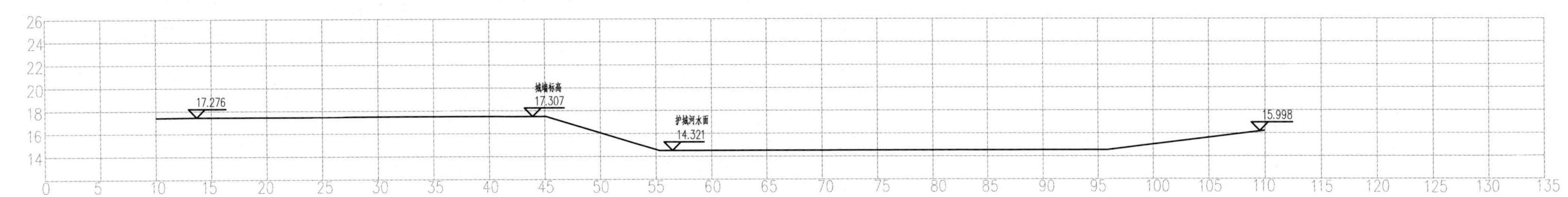

## 断面保护技术

通过对现场的调查和研究，结合相关考古报告，在城墙断面保护中选用加筋式挡土墙作为主要技术手段。KEYSTONE 挡土墙技术成熟，在基础垫层厚 15 厘米的情况下，挡土墙砌筑高度可达 1.5 ~ 2 米，对城墙本体伤害降到最低程度；施工工艺简单，不需要水泥浆灌注和排水处理；材料环保，砖体上有植草格，并能根据要求定制不同的颜色和纹理；工程可逆，易于拆卸，形式变化灵活。

本案中采用规格为 200 厘米 ×450 厘米 ×680 厘米，带有植草格的挡土砖，墙体断面处采用土黄色材质挡土砖；城门断面处（西门）采用仿城砖纹理的挡土砖。

❶ KEYSTONE 挡土砖

❷ 挡土砖使用范例

❸ 挡土砖使用范例

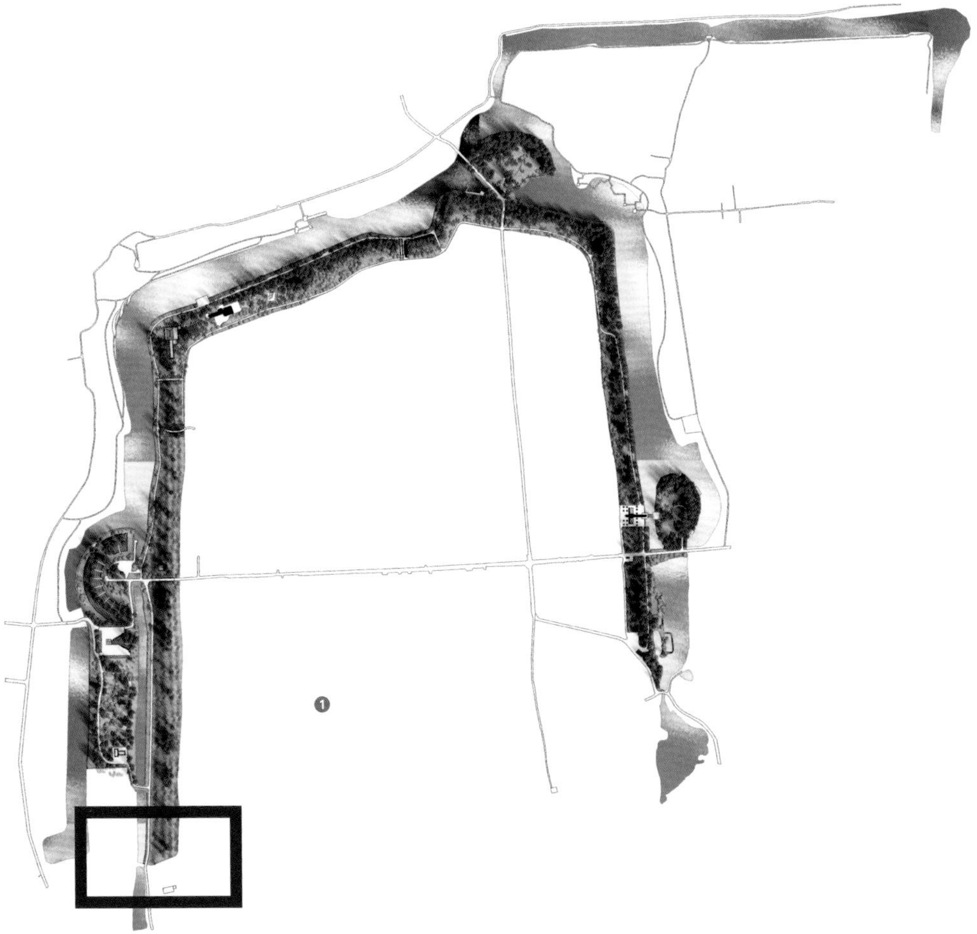

❶

## D1 保护与展示设计

位置：位于西段城墙南端，观音山禅院北侧，A001 处，为端头单侧断面。

工程内容：清理垃圾，清除断面上生长的杂草、灌木和杂木，沿路侧砌筑 14 米长、1.6 米高的土黄色加筋式挡土墙，回填素土，夯实，并在表面上根据测绘剖面图种植不同颜色的地被以区别展示。

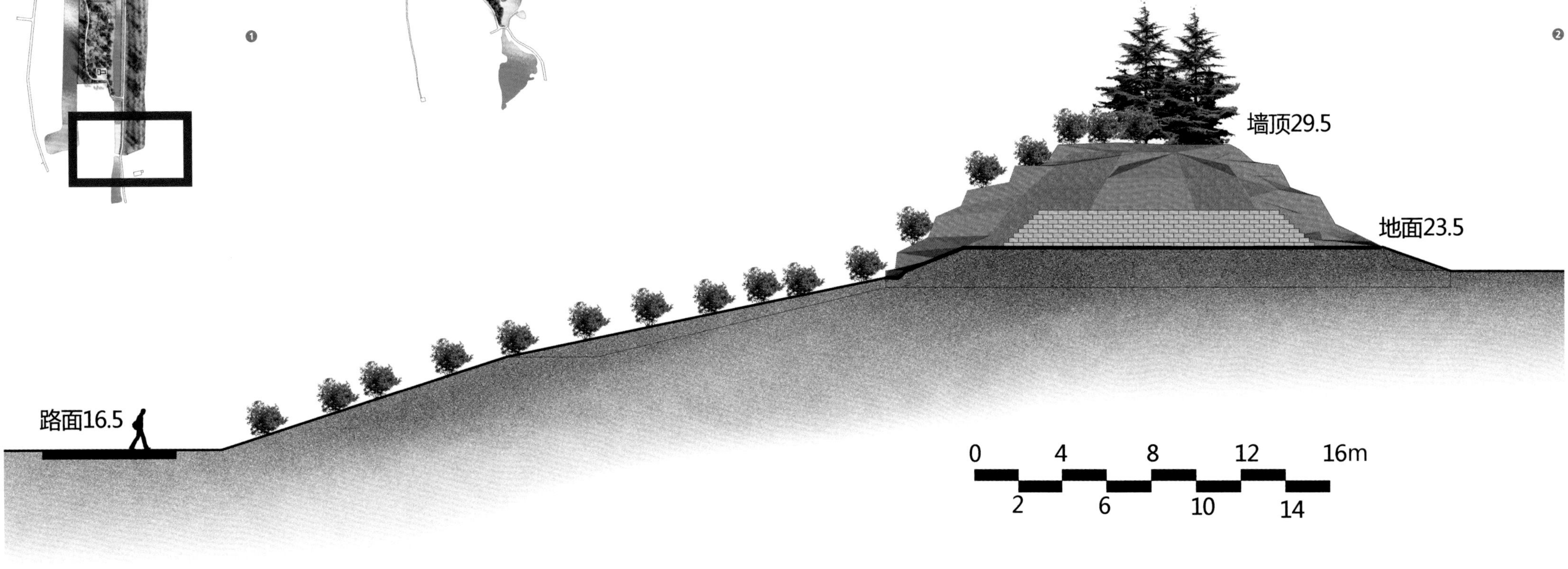

❷

墙顶29.5

地面23.5

路面16.5

0 4 8 12 16m

2 6 10 14

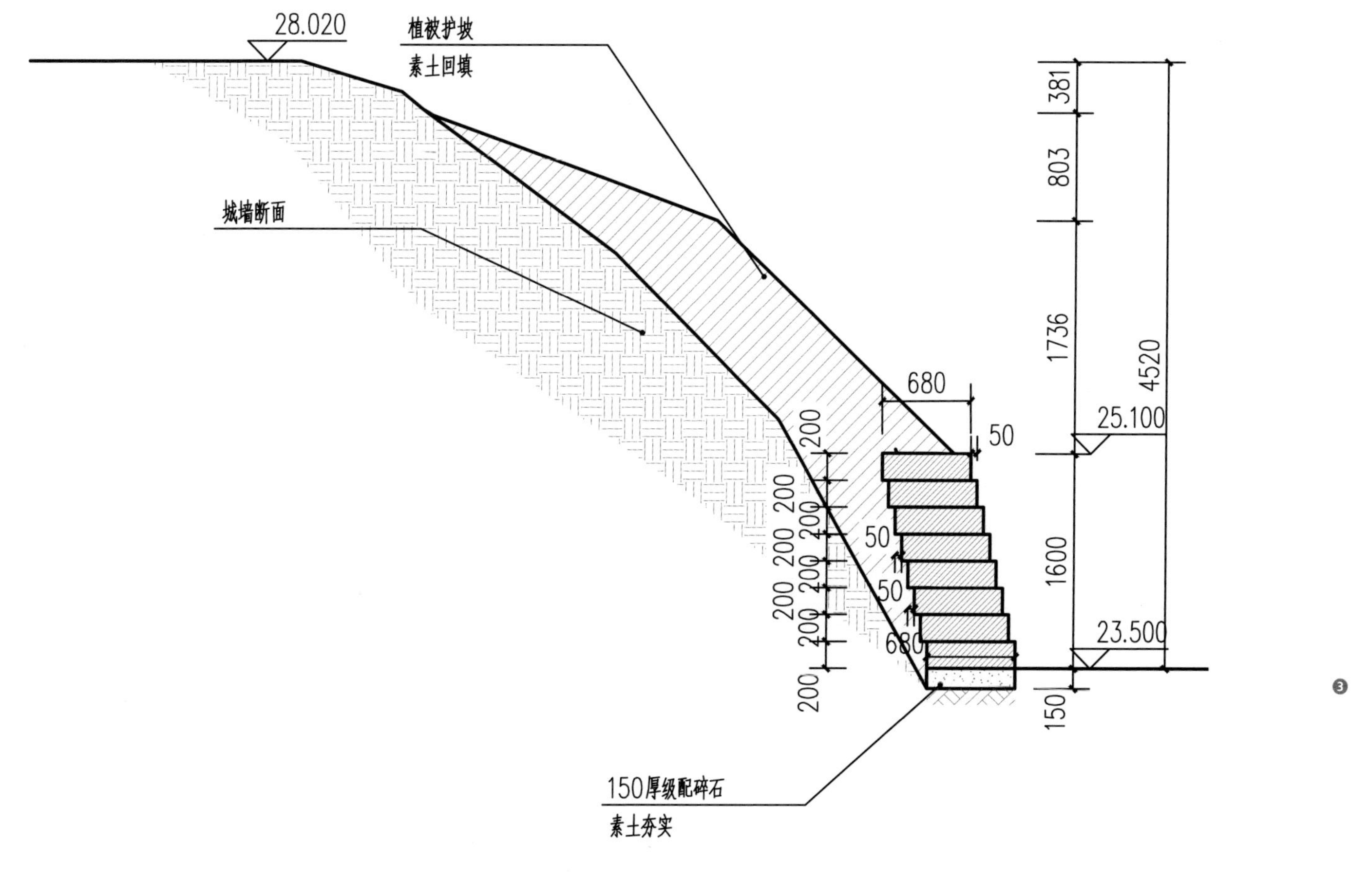


❸

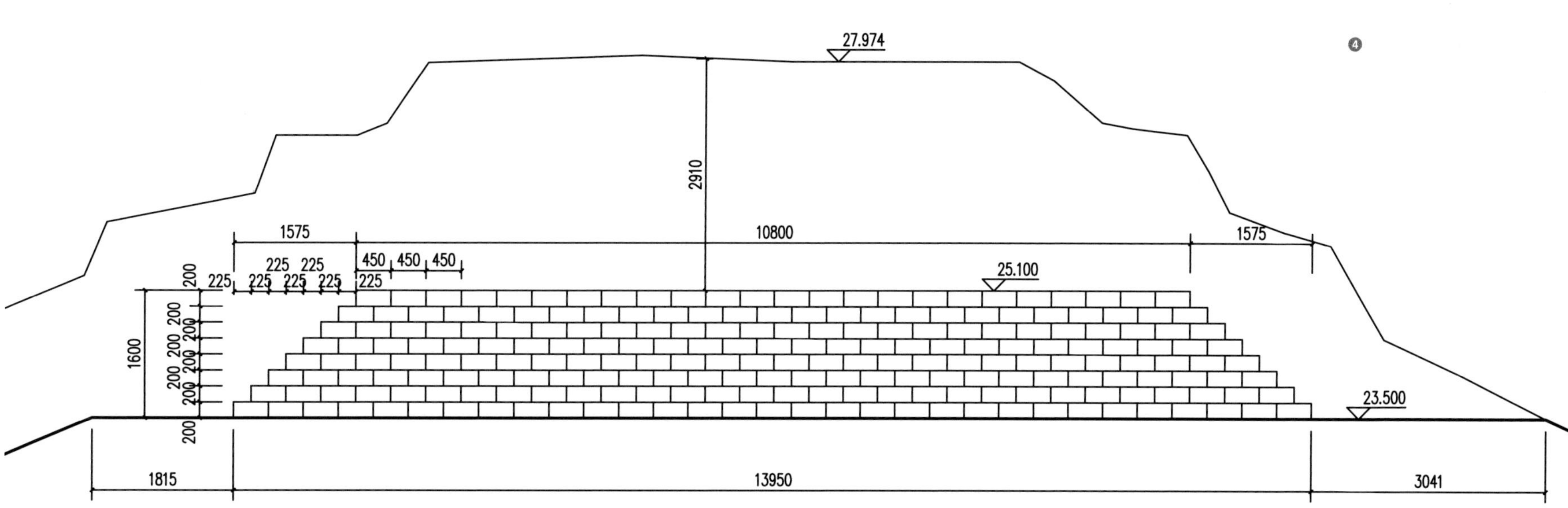


❹

❶ 平面位置

❷ D1 展示剖面

❸ D1 剖面图

❹ D1 立面图

## D6、D7 保护与展示设计

位置：位于 A021 北 10 米处。

工程内容：清理垃圾，清除断面附近的杂草、刺槐和构树。铺筑曲线形道路，沿路两侧砌筑长 50 米、高 2 米的土黄色加筋式挡土墙，回填素土，夯实。

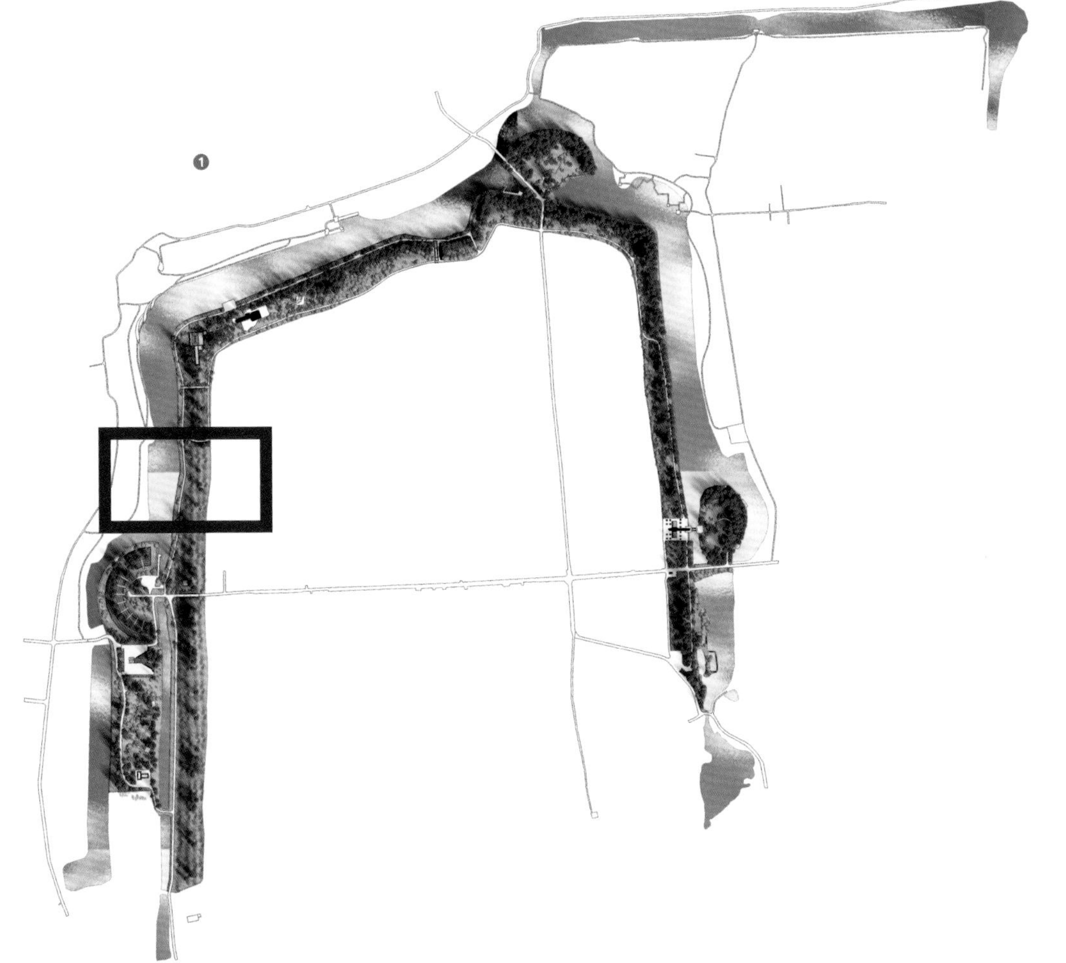

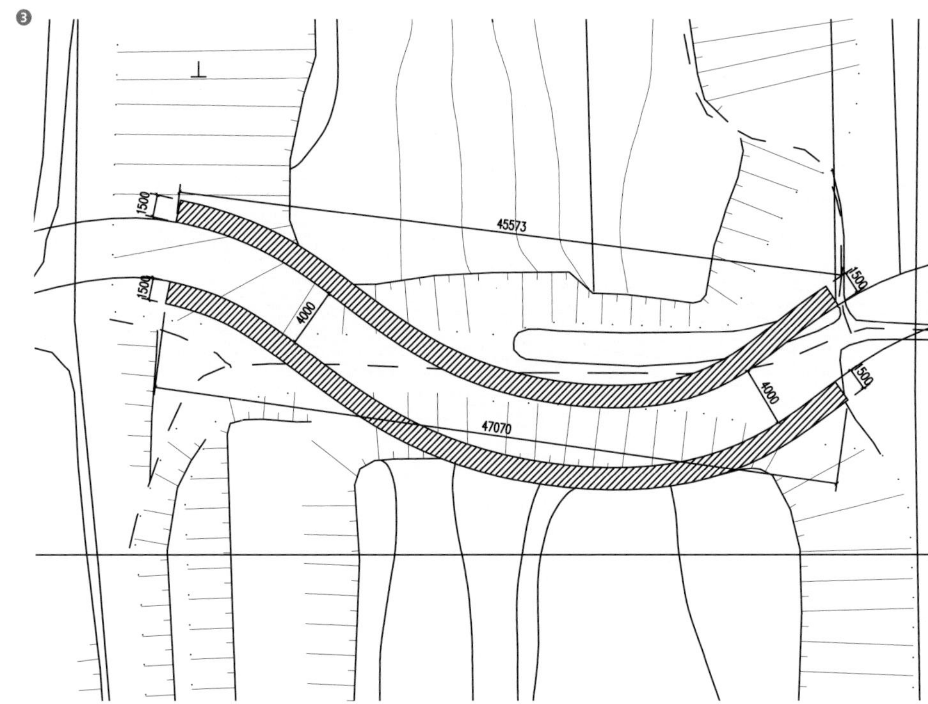

❶ 平面位置

❷ D6、D7保护效果

❸ D6、D7保护平面

❹ D6、D7剖面图

❺ D6立面

❻ D7立面

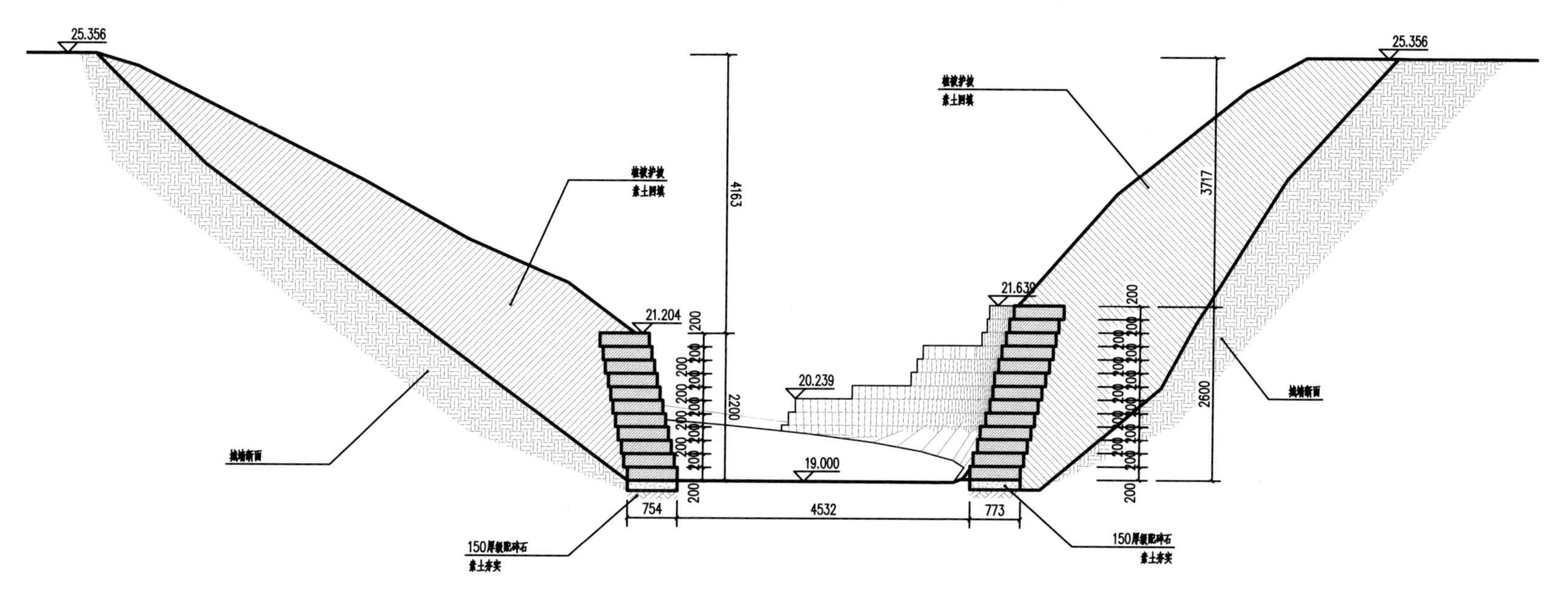


❹

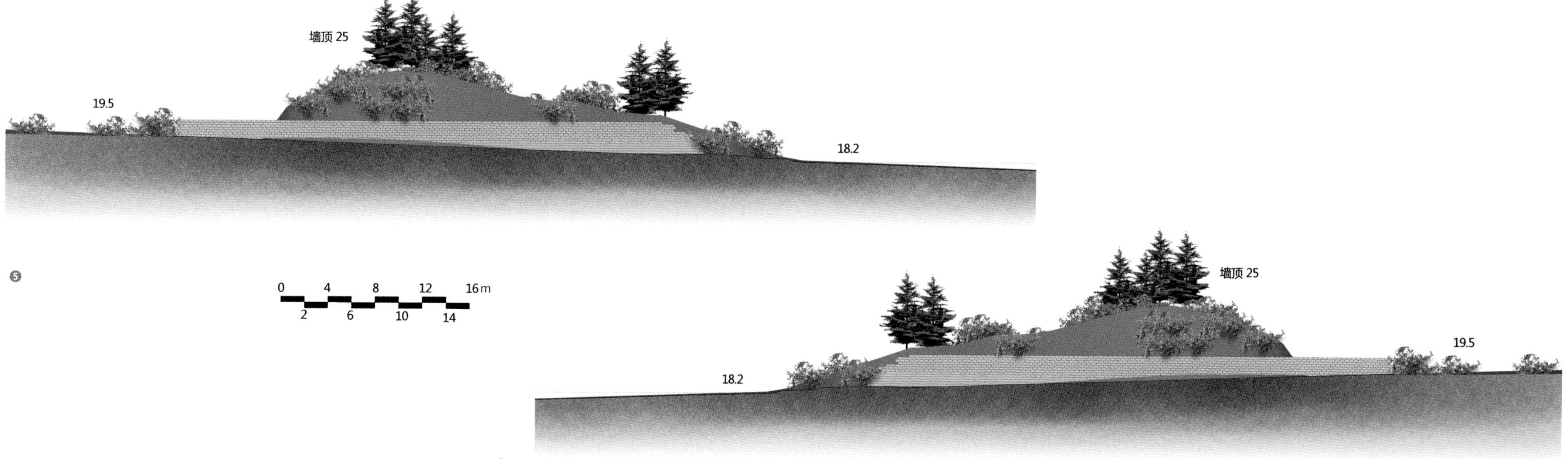


❺

❻

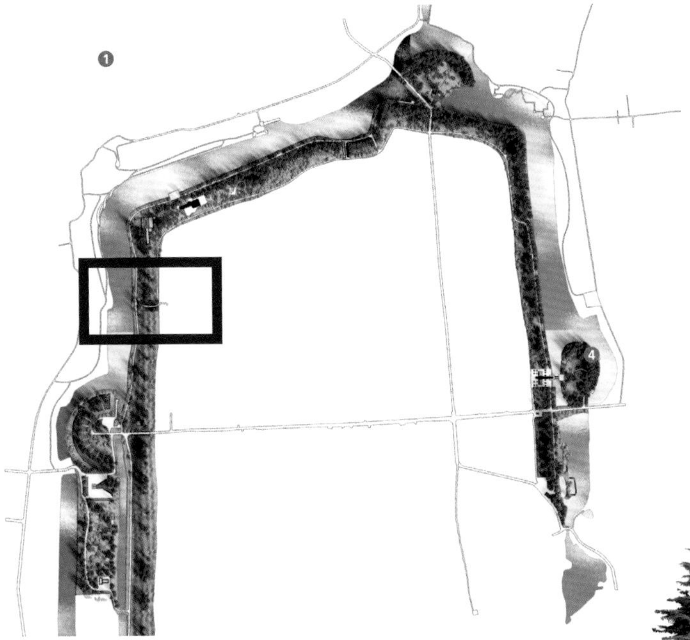

❶

## D8、D9 保护与展示设计

位置：位于 A024 南 12 米处，也即 YZG2 城墙剖面所在处。

工程内容：清理垃圾，清除断面附近的杂草灌木。考古发掘清理出豁口的北剖面，由专业人员重新截取 D9 剖面，采用钢结构保护垂直剖面，并在原位置安装（即回帖）加固剂塑化后的展示剖面样本。城墙 D8 一侧砌筑长 48.6 米、高 2 米的土黄色加筋式挡土墙，回填素土，夯实。

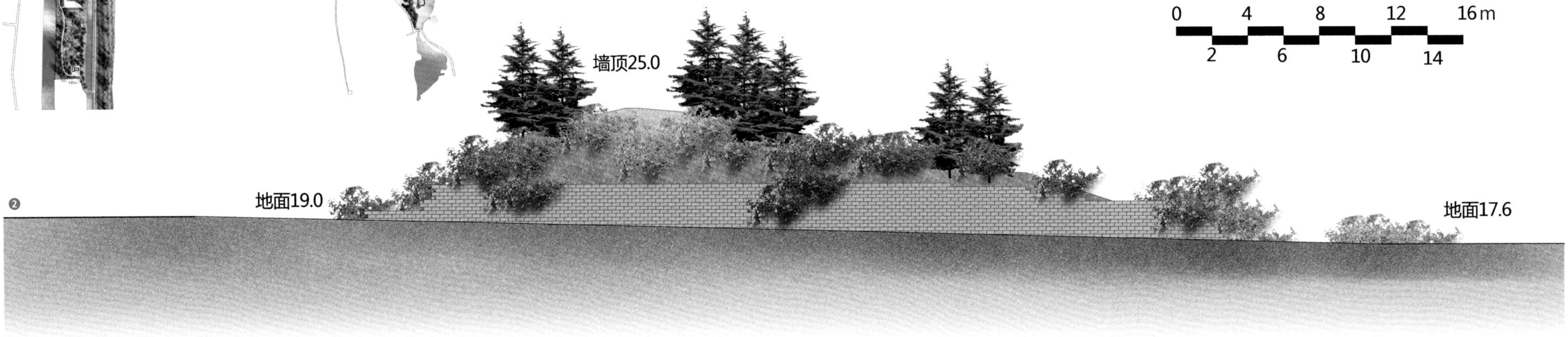

0 4 8 12 16m
2 6 10 14

墙顶25.0

❷ 地面19.0

地面17.6

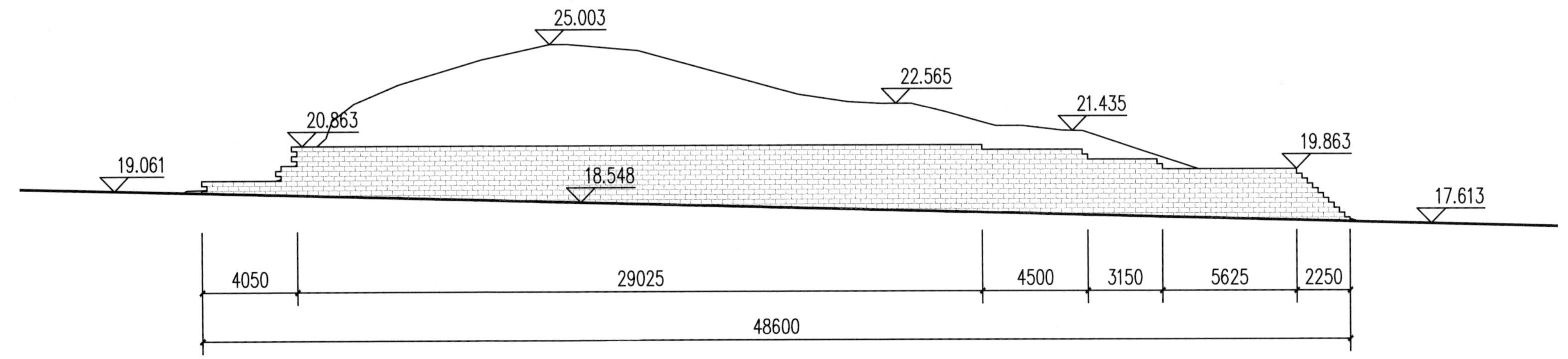


❸

❶ 平面位置
❷ D8 立面图
❸ D8 立面尺寸图
❹ D9 立面图
❺ D9 立面尺寸图
❻ D8、D9 平面
❼ D8、D9 剖面图

墙顶25.0
展示剖面
地面17.6
地面19.0

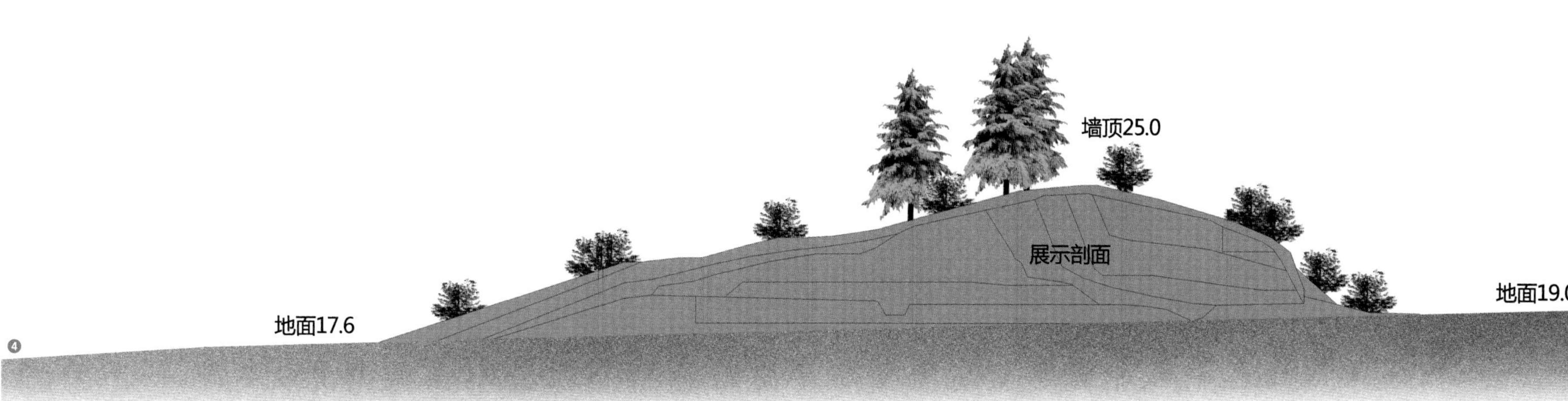

❹

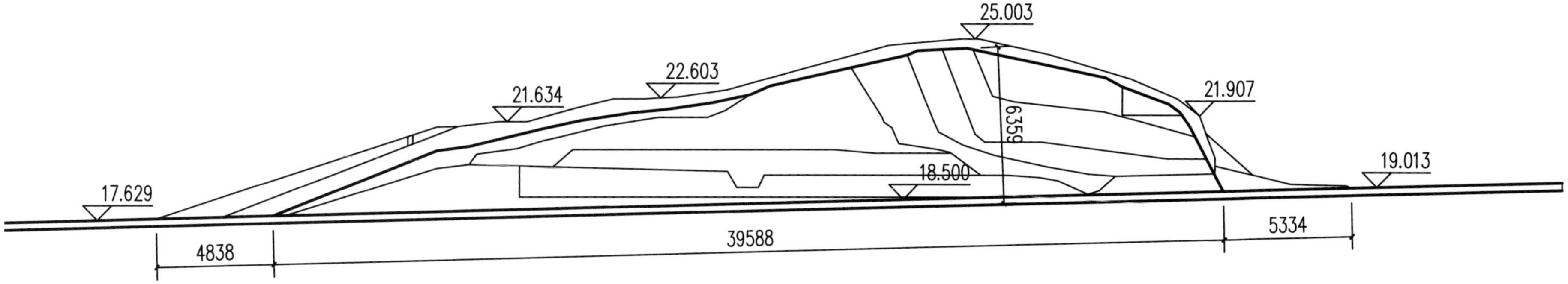

25.003
22.603
21.634
21.907
6359
19.013
17.629
18.500
4838
39588
5334

❺

48600
28500
2600
4512
7918
8410
6333

❻

24.500
固化断面
200×200方钢@1000
3000长ø50钢杆@1000
6500
1200
300300
150
150
200
18.500
200
1600
4819
680
23.784
城墙断面
植被护坡
素土回填
3634
680
200
1800
50
150厚级配碎石
素土夯实

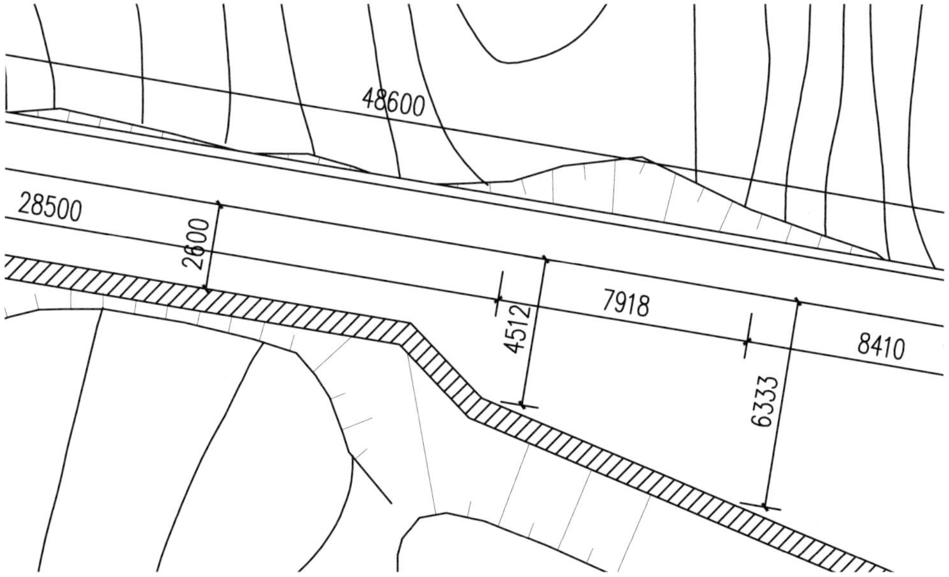

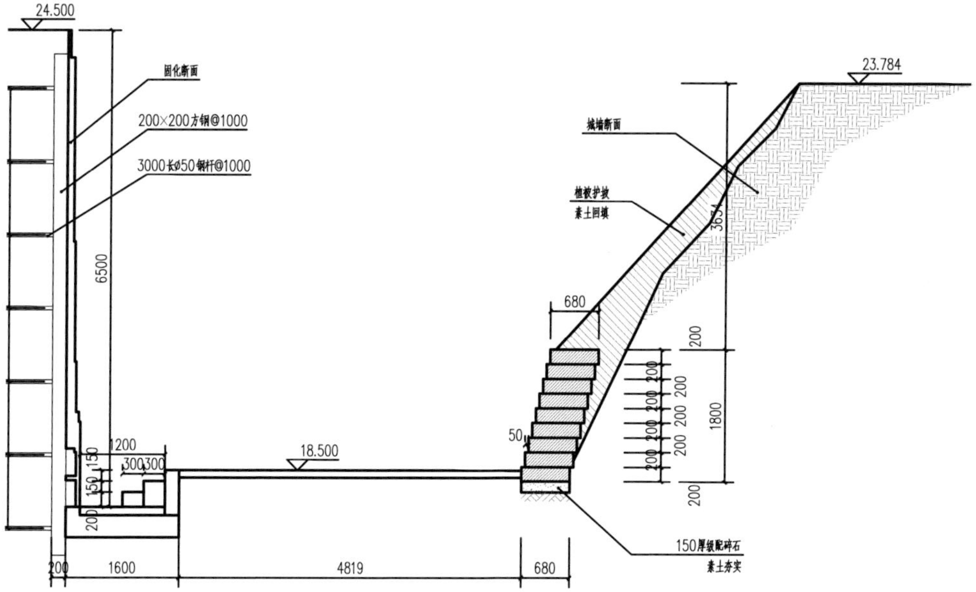

❼

❶ 日本鸿胪寺遗址地层剖面揭取展示形态之一

❷ 日本鸿胪寺遗址遗迹剖面揭取展示形态之二

❸ 飞鸟京地层剖面揭取展示形态

# 城门遗址保护与展示工程

## 西门 D2、D3 本体保护与展示工程

位置：A014 北 12 米处

工程内容：保留当前长势较好的刺槐作为行道树，清除刺槐之外的其他植被。沿现有道路两侧砌筑长 52 米、高 2 米的仿城砖加筋式挡土墙，回填素土，夯实。

❹平面位置

❺D2、D3 平面

❶西门剖面

❷西门立面

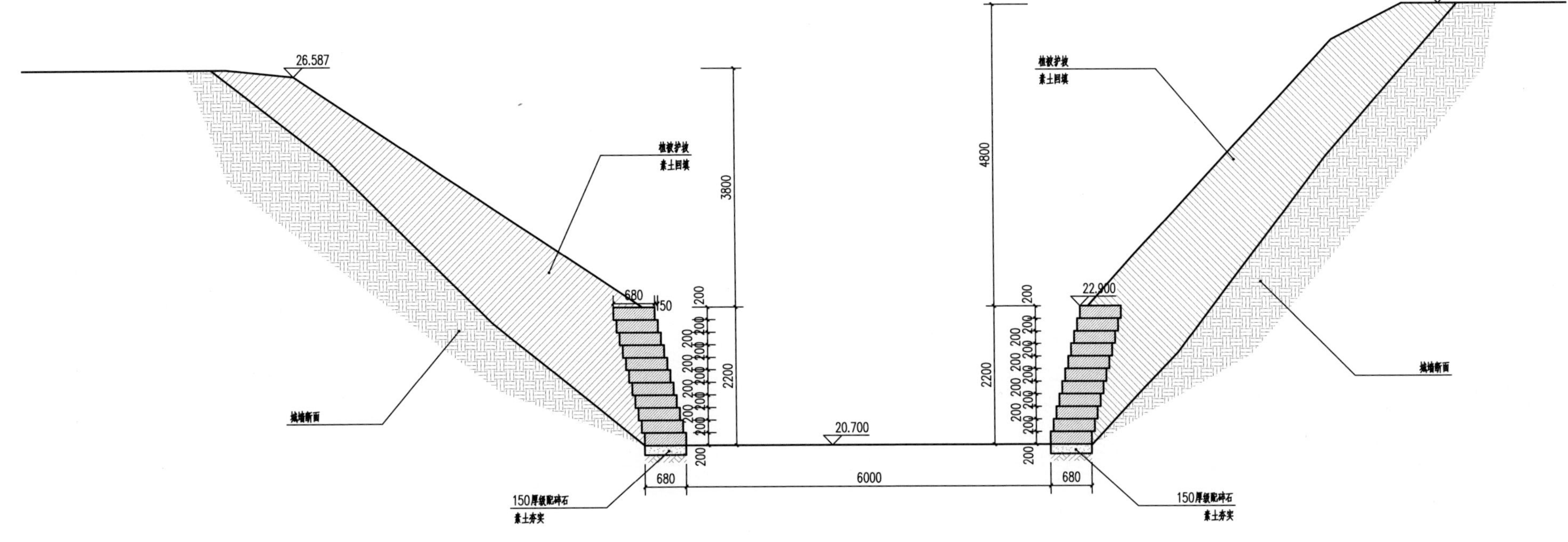

26.587
27.700
植被护坡
素土回填
3800
4800
2200
680
150
22.900
20.700
城墙断面
680
6000
680
150厚级配碎石
素土夯实


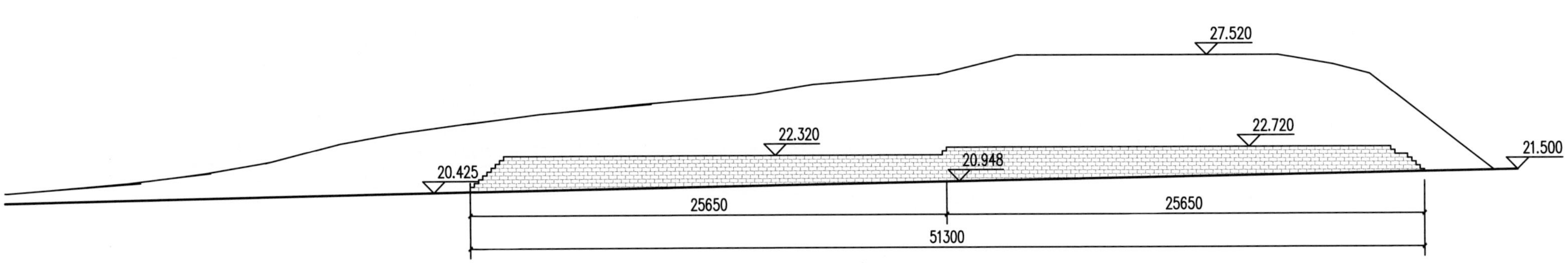

27.520
22.320
22.720
20.948
20.425
21.500
25650
25650
51300

## 西门“瓮城”景观广场工程

西门“瓮城”景观广场位于宋宝城西门外，南临园区管理和游客服务中心，北接护城河游船码头，属于“八景之一”之“武锐金汤”核心位置，是整个园区西部的枢纽。堡城路经西门从景观广场南部穿过瓮城，向西延伸。景观广场总占地面积9000平方米，其中硬质铺装面积2500平方米，绿化种植面积6500平方米。

结合“武锐金汤”景区城墙变茶园的环境调整方向，对瓮城城墙夯土植被细化调整，形成环形梯田意象的规则茶垄，强化瓮城的围合感。以间隔15度的夹角在瓮城内斜面上设计大台阶供游人上下和停留，将景观广场营造成一个剧场舞台。景观广场内的考古发掘出的水堰遗址采取临时保护性回填，上部被绿地包围，起到保护作用，也为后期进一步的保护性展示留出缓冲空间（当前堡城路承担着重要的交通功能，水堰遗址不具备展示条件。未来通过详规对堡城路的功能进一步定位，如调整为景区游线，减少交通流量后，再结合西城门遗址进行一体化设计）。

❶ 景观广场东南向鸟瞰

❷ 景观广场平面

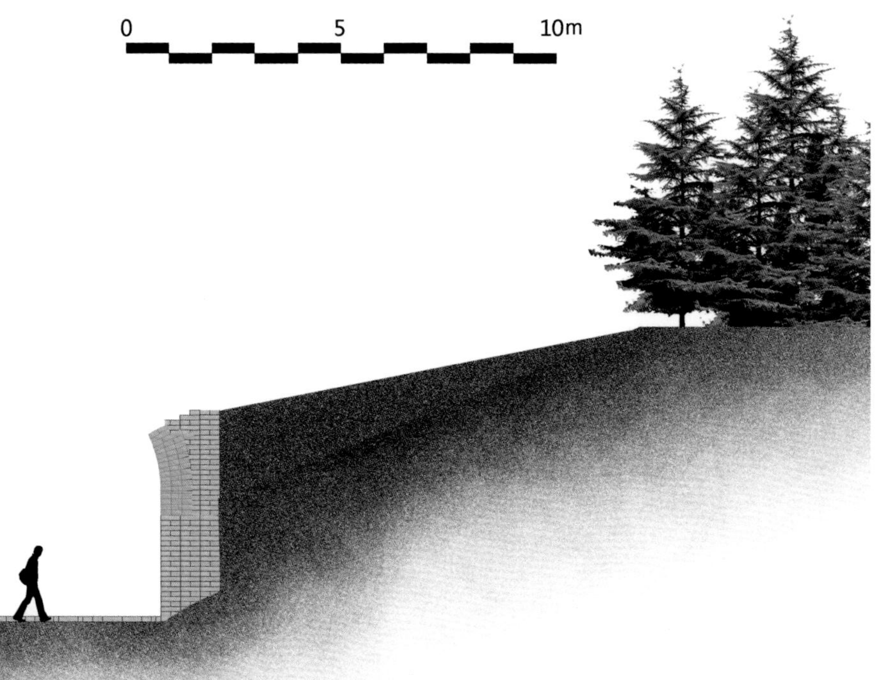

## 北门一 D12、D13 遗址本体保护与展示工程

位置：A036 西侧区域

工程内容：通过科学回填的方式保护考古发掘出的北门一遗址，在此基础上选择隋唐时期的陆门和水窦进行模拟展示。鉴于“北门一”具有的重要考古意义，需要单独进行遗址本体与展示工程的设计。

## 北门二 D14、D15 本体保护与展示工程

位置：A040 与 A041 之间，雷塘路两侧。

工程内容：清理垃圾，清除断面附近的杂草、灌木等植被，沿路两侧砌筑长 15 米、高 1.2 米的城砖砌体，回填素土覆盖断面并夯实。

❶ 北门一平面位置

❷ 北门一剖面

❸ 北门一平面

❹ 北门二平面位置

❺ 北门二剖面

❻ 北门二立面

❼ D14、D15 平面

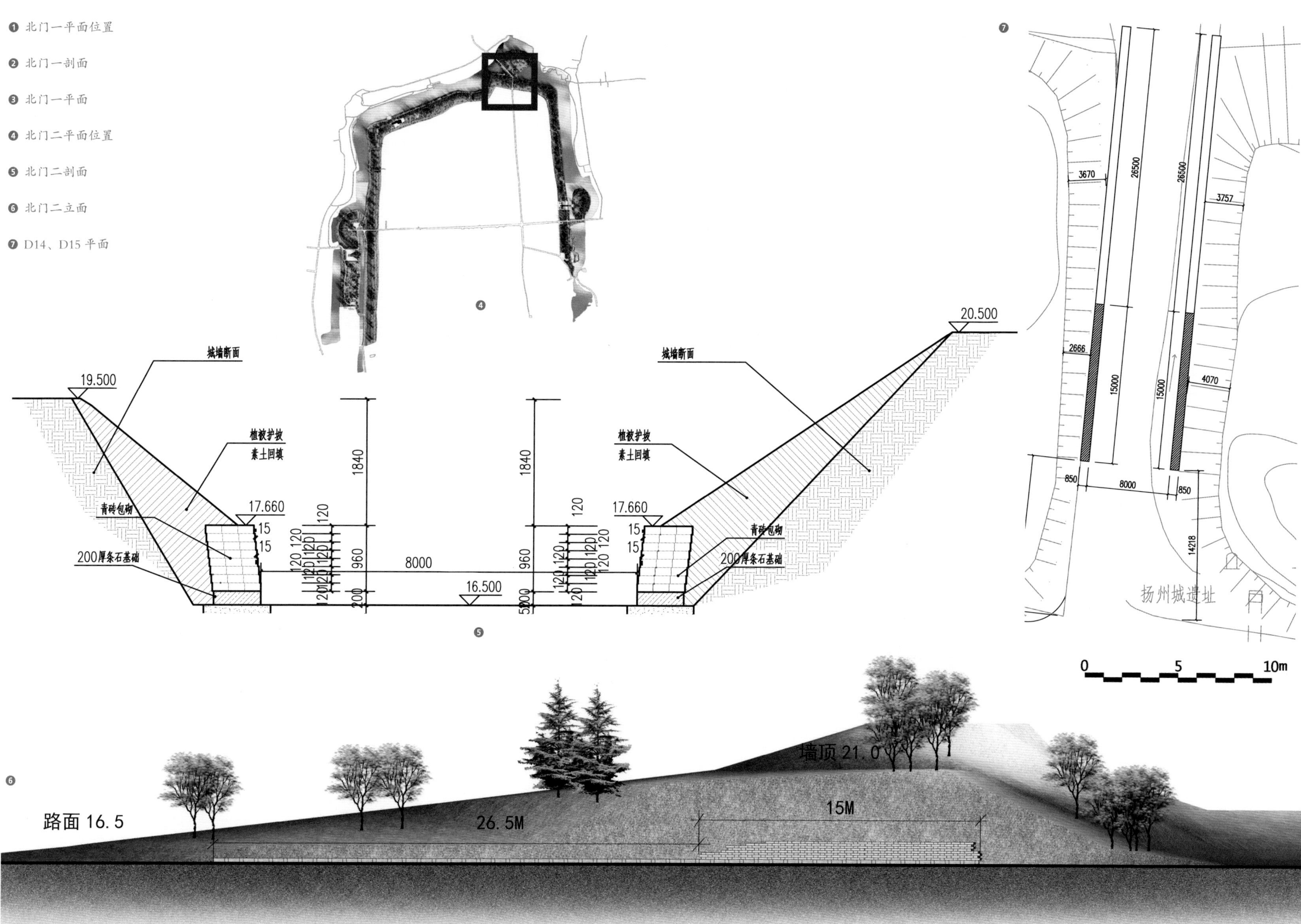

❶ 东门平面位置

❷ 东门轴侧

❸ 东门平面

❹ 东门鸟瞰

## “东门一”A060 本体保护与展示工程

根据最新的考古工作成果，在“东门一”桥体遗址和东城墙断面的基础上确定东门门道的位置。部分标识东门门道、城墙包边、桥堰和吊桥，形成一个方正的开放空间，成为城墙的东部节点，强化东门轴线。

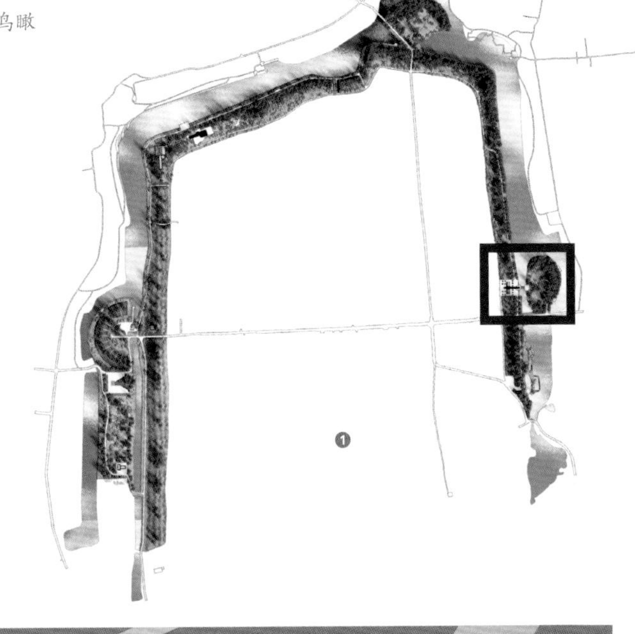

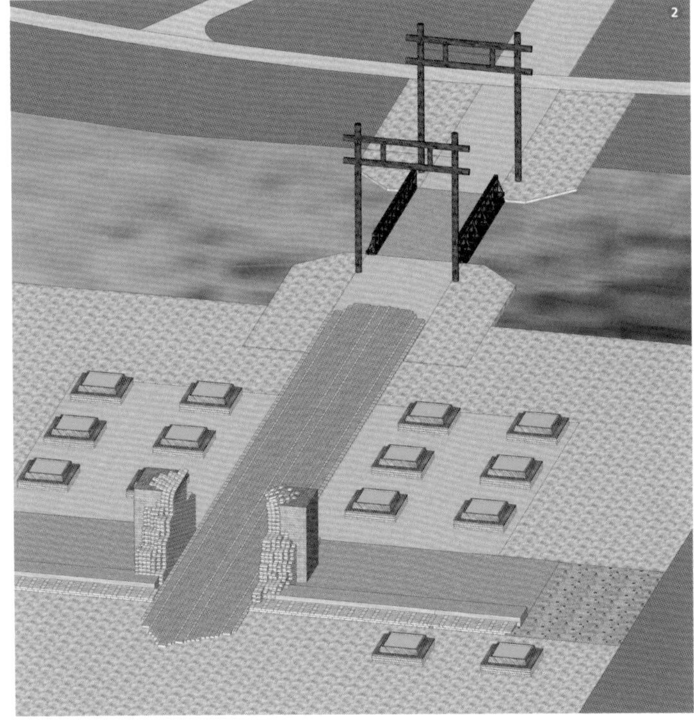

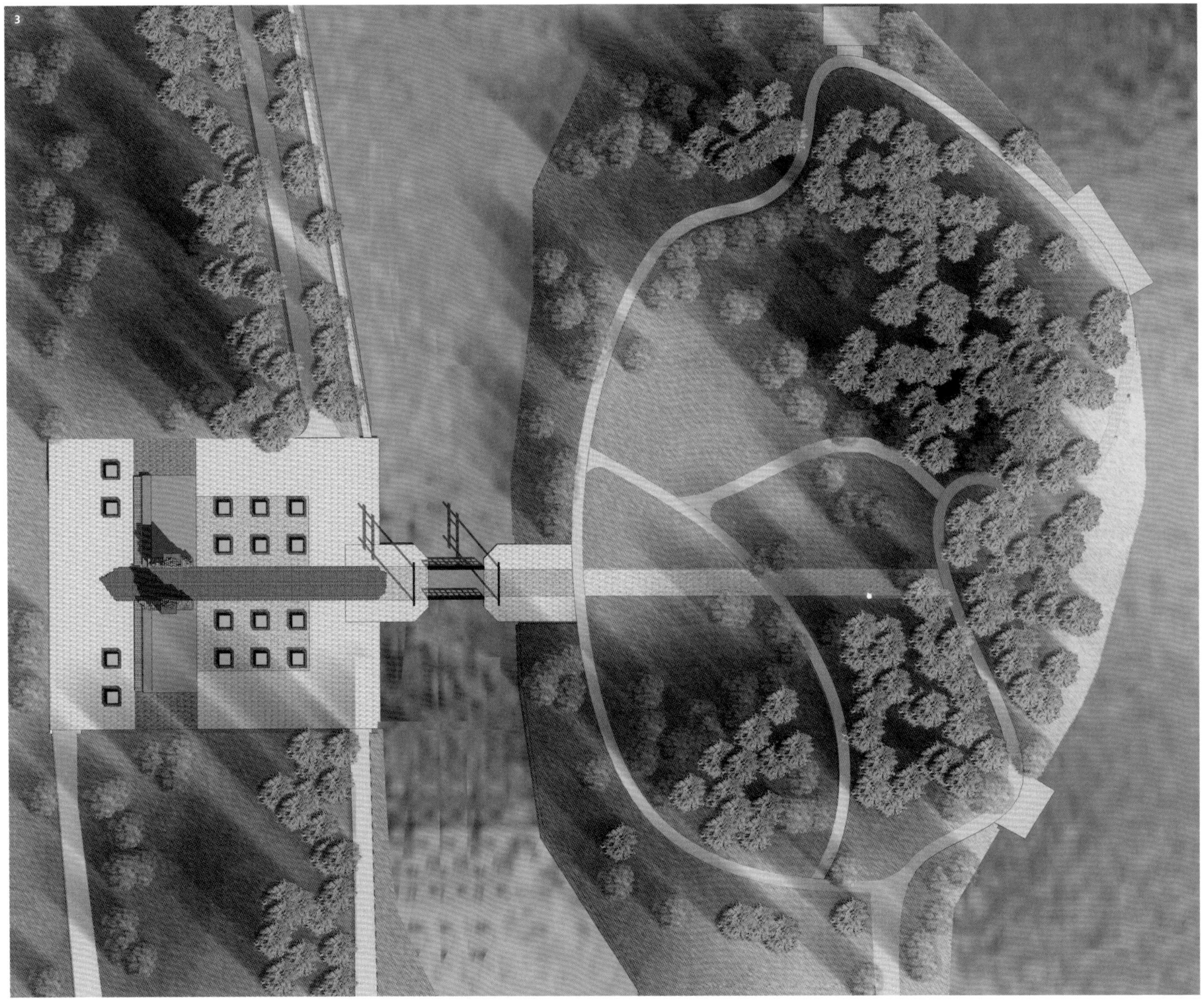

# 西北城角（隋江都宫、宋宝城城角遗迹）本体保护展示棚工程

## 工程概况

西北城角作为蜀岗城址“八景”之“江都余晖”的主要内容。根据考古发掘成果，拟展示隋江都宫西北角楼遗迹和南宋宝城的西北城角遗存，同时覆以保护展示棚设施。建筑分地上建筑和覆土建筑两部分，总面积4000平方米。

## 工程等级

建筑耐久等级二级，建筑防火等级二级。

## 展示方式与功能布局

西北城角展示包含地下、地面两部分内容。地下部分为采用天井的方式，展示江都宫包砖墙内角；地面部分为以现城墙顶部为保护棚内地面水平，展示南宋时期西北城角。根据扬州地区的气候与环境特征，须为展示的遗址部分设置保护棚，体量应以考古发掘的实际遗迹规模为参考，整体建筑为钢结构，室内环境须达到可控，以满足城角遗存长期留存与暴露展示需要。须考虑在保护棚内陈设相关的遗址信息。保护棚建筑在外观风格、结构、保护与展示设施、内部环境构建等方面须结合进一步的考古工作进行专项设计。

❶ 西北城设计意向

# 3.4 专项工程方案

## 城墙环境整治

### 工程内容

本方案所涉及蜀岗古城中的城墙夯土区域占地面积约 26.45 公顷。经过实地勘察，城墙本体区域内仍需要进一步的环境整治工作；在护城河保护工程的环境整治项中已经拆除了城墙及周边的部分建筑及其他设施。（1）建筑拆迁——A004 ~ A005 处民宅；A043–A044 处民宅；A058 ~ A064 机械厂与唐城人家（餐饮）占城墙用地建筑，共计 1.54 万平方米。（2）垃圾清除——城墙夯土和相关遗址本体上各类垃圾的清除，垃圾堆积共计 6660 平方米。（3）墓地搬迁——搬迁占压城墙本体及相关遗址本体的墓葬，对墓葬搬迁后的现场进行科学处置；现有墓地占地面积 2900 平方米。（4）道路整治——夯土本体上不再增加游览道路环线，结合展示设计的需要增加一些步道与主干道相通，并注意城墙内侧道路与村庄现有道路的贯通；其中车行道路 3600 平方米，人行道路 1.33 万平方米。

### 相关工程要求及做法

（1）建筑拆除与垃圾清除——需施工单位编制相应的施工方案，采用人工拆除法，避免大型机械对遗址的破坏。将拆除区域内的易燃易爆品包括废纸、纺织品、木制品等集中外运。清理各层遗留物及垃圾并外运，面层以下垃圾清除后的土方损失采用素土回填夯实的方法，300 毫米打夯一次，压实度＞ 85%。（2）墓地搬迁——由相关单位制定详细的动拆迁工作方案，做好前期准备工作，在冬至、清明时段进行搬迁。搬迁结束后统一进行土方回填和遗留物清除，恢复原有地貌。（3）中粒式沥青混凝土路——50 厚中粒式沥青混凝土面层压实；200 厚碎石基层；100 厚 3∶7 灰土；150 厚 2∶8 灰土；路基碾压，压实系数＞ 0.93。（4）金锈岩料石铺装——100 × 100 × 100 自然面金锈岩料石；50 厚黄土粗砂铺平；150 厚碎石碾压密实；素土夯实。（5）青砖立砌铺装——60 × 120 × 240 青砖席纹立砌；50 厚黄土粗砂铺平；150 厚碎石碾压密实；素土夯实。（6）花岗石汀步——400 × 800 × 200 芝麻白花岗岩荔枝面汀步；30 厚 1∶3 水泥砂浆；200 厚 C15 混凝土。

### 环境整治意向

城墙西段（A001 ~ A023）和西瓮城（B001 ~ B006）属于“武锐金汤”景区，保留现状茶园并做精细化景观处理，形成该景区的特色。小渔村服务中心以西至北门的城墙北段（A028 ~ A041）和北瓮城（C001 ~ C004）成年雪松林保存较好，通过常绿植物的高耸挺拔来表现城墙的尺度感。宋宝城东北角及东段城墙（A041 ~ A066）和东瓮城（D001 ~ D004）景观特点不明显，通过下一阶段对唐城人家至象鼻桥区域（A060 ~ A066）的进一步研究和深化设计，与汉墓博物馆相呼应。

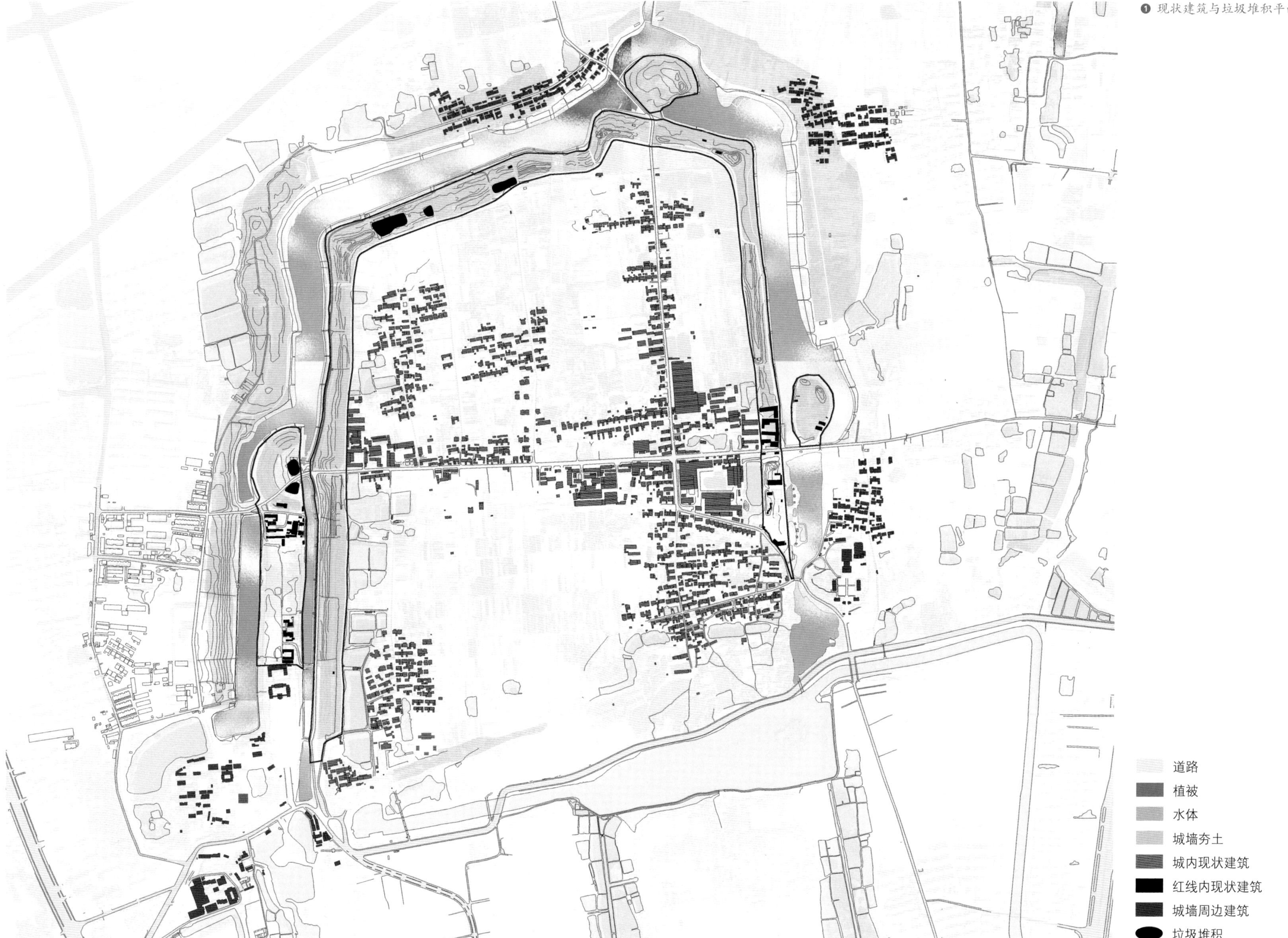

❶ 现状建筑与垃圾堆积平面图

❶ 墓地布局现状图

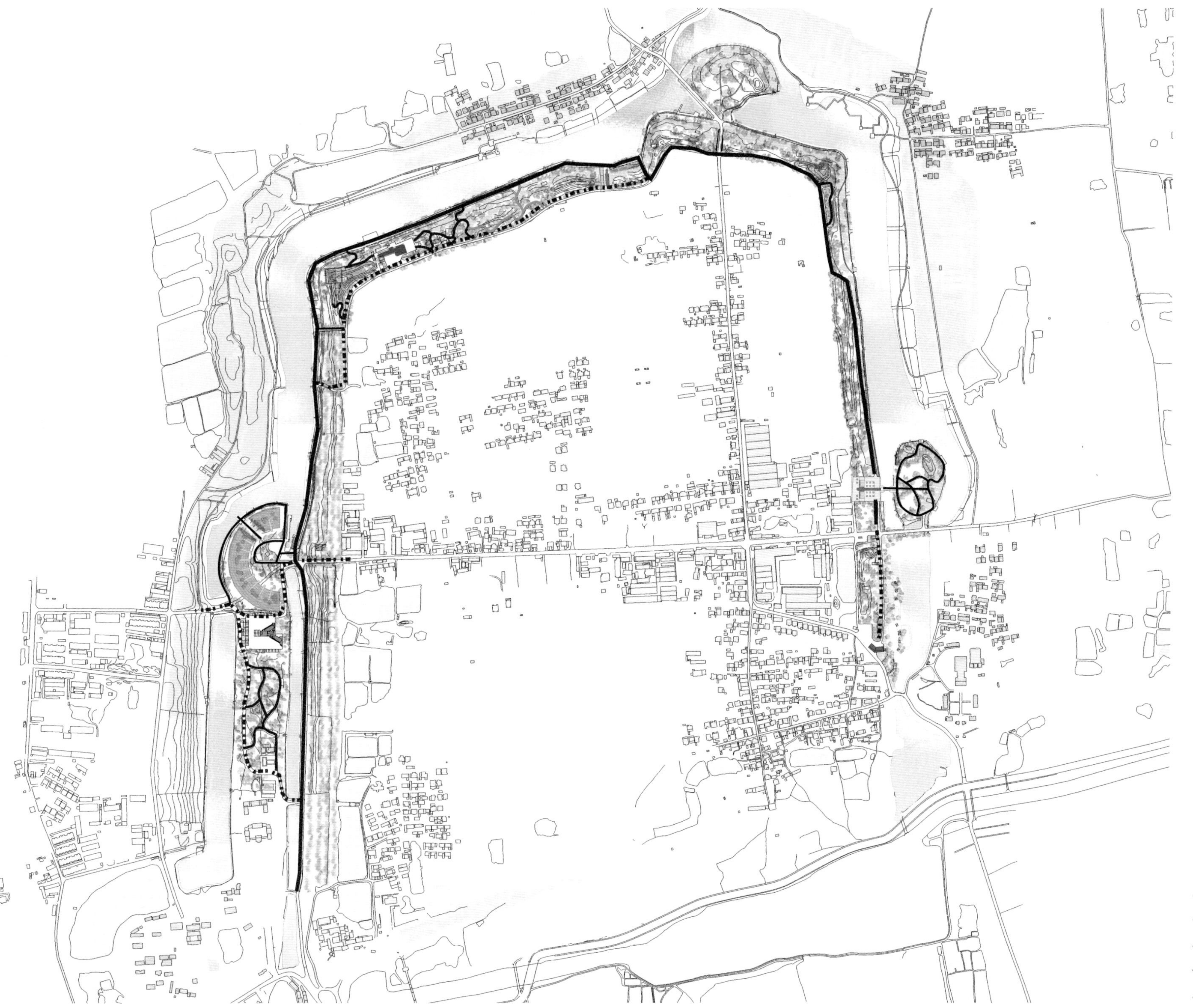


❷ 道路做法平面图

# 植被调整工程

## 园林植物根系深度研究

据研究，在自然条件下，乔木根系的深度和宽度往往大于树冠面积的 5 ~ 15 倍。树根在土壤中垂直和水平分布，因树木种类、遗传基因、生长发育状况、土壤环境中人为等因素的影响有所区别。因此根据根系在土壤中分布的状况，分为深根和浅根性两类 ;（1）深根性——这类树木根系的主根发达，深入主层，垂直向下生长 ;（2）浅根性——树木的主根不发达，侧根或不定根辐射生长，长度超过主根很多，根系大部分分布在土壤表层，如刺槐、臭冷杉等的根系多分布在 20 ~ 40 厘米的土壤表层中，这种具有浅根性根系的树种，称为浅根性树种。

**不同园林植物类型的主要根系分布深度（厘米）**

表 3—1

| 植被类型 | 草本花卉 | 地被植物 | 小灌木 | 大灌木 | 浅根乔木 | 深根乔木 |
|---|---|---|---|---|---|---|
| 分布深度 | 30 | 35 | 45 | 60 | 90 | 200 |

## 植被对遗址保护的影响

植物本身对土遗址具有双重作业，既有保护作用也有破坏作用。植物在 1 米深以内的侧根系对表层土有加筋稳固的作用 ; 较深的主根系虽然能锚固的作用，但是不可避免地破坏了遗址本体。

## 现状植物分析

城墙夯土上的雪松林应该是在之前保护规划中栽植，现存的雪松林林下城垣遗址在这几十年中没有变动过。雪松系浅根性树种，侧根系大体在土壤 40 ~ 60 厘米深处为多，生长速度较快，属于速生树种。

## 植物选择与景观营造

城墙区域种植规划（选用浅根乔木）:

（1）主干树种——雪松 ;

（2）落叶乔灌木——合欢、紫荆、紫薇、海棠、蜡梅、白玉兰、紫玉兰、迎春 ;

（3）常绿小乔木或灌木——大叶黄杨、桂花、栀子花、六月雪、杜鹃、南天竹、茶树、丝兰。

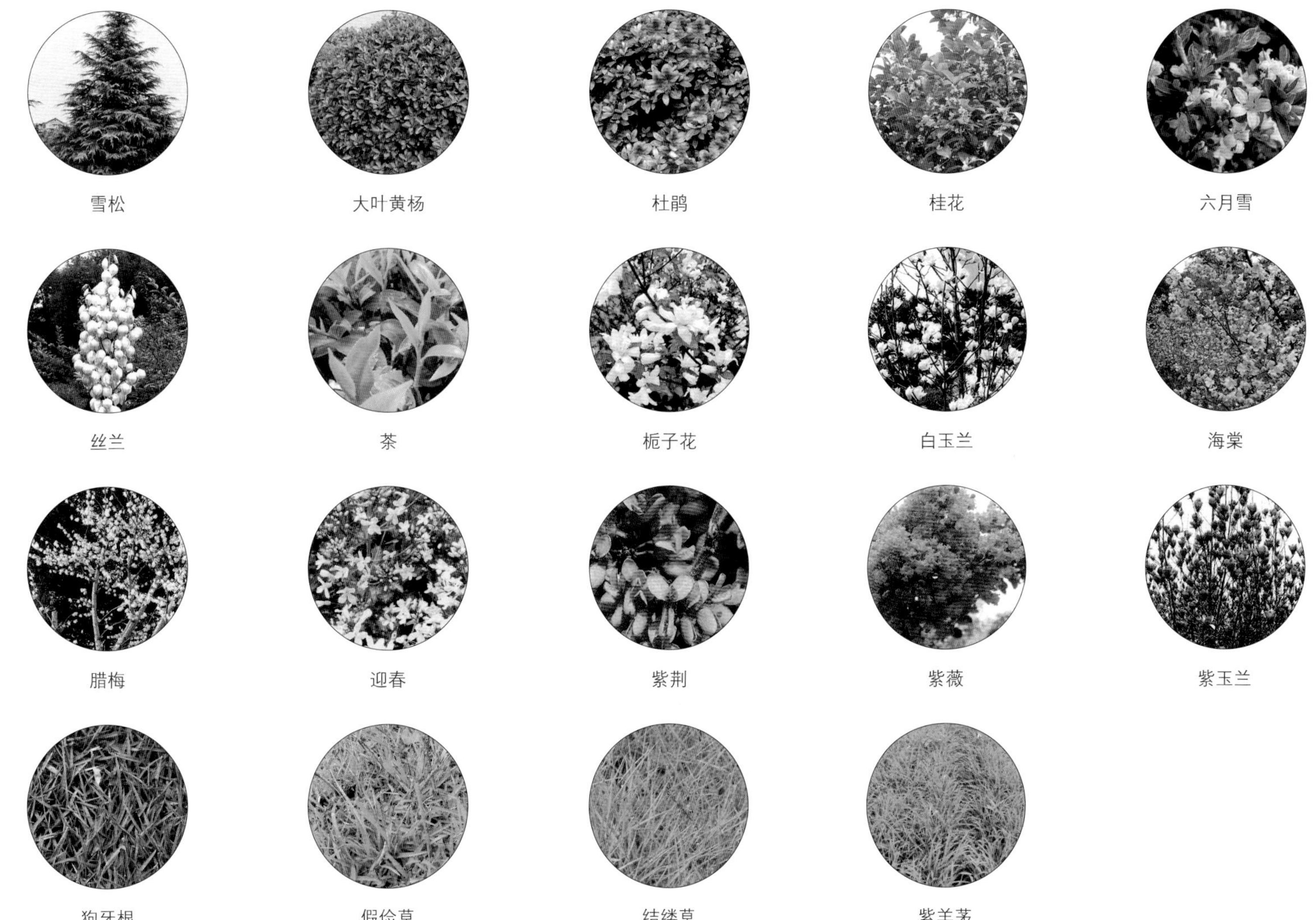

雪松　大叶黄杨　杜鹃　桂花　六月雪　南天竹

丝兰　茶　栀子花　白玉兰　海棠　合欢

腊梅　迎春　紫荆　紫薇　紫玉兰

狗牙根　假俭草　结缕草　紫羊茅

## 工程内容

城墙景观意象的营造主要由植被调整工程来完成。结合之前的保护设计和现状，西城墙维持、优化茶园景观；北城墙和东城墙维持现有以雪松为主的植被条件下，对植被缺损地段在墙体外侧倒塌堆积处补种浅根性树种雪松形成整体一致的绿墙效果。

（1）西墙土垄植被更换区——烈士陵园北墙至西瓮城的土垄植被杂乱，保留雪松、水杉等大树，砍除构树等杂木；近护城河栽植线型雪松林形成城墙意向，其他部分根据园路配植浅根性灌木和小乔木。

（2）西墙茶园植被优化区——保持原有茶园的生产性景观不变，在不破坏夯土遗存的前提下精耕细作，提升茶园的景观品质；保留现存的常绿树种，不再加植树木。

（3）北墙更换植被区——该区域之前为坟地和民宅，植被杂乱。在搬迁坟地之后，根据展示和建筑改建要求，沿城墙外线加植线性雪松林，其他部分根据展示设施配植浅根性灌木和小乔木。

（4）雪松密林保持区——北墙中段区域 A030 ~ A042 雪松林保持状况较好，不做大范围的植被调整，去除构树，移走生产性栽植的成片园林苗木；根据园路和相关节点配植浅根性灌木和小乔木。

（5）公墓雪松林保持区——回民公墓处雪松林保持较好，并有其他种类的常绿树种，现状不做大的调整；清理外沿生长过盛的构树和杂乱灌木，补植地被和浅根性灌木。

（6）东墙更换种植区——该区段植被调整幅度最大，现有的苗圃栽植对城墙夯土有破坏作用又不具备景观效果，故移去这些园林苗木，回填移苗缺失的覆土，沿外侧种植线性雪松林以示城墙意向，内侧自然式栽植浅根性灌木和小乔木；在保护城墙夯土的前提下，增加城墙的可观赏性。

（7）覆土增加植被区——该区域原为厂房建筑，拆除后回填 50 厘米的素土，延续东墙段的栽植方式增加植被。

（8）东门植被更换区——保留现存的雪松、广玉兰等大乔木，去除构树和其他杂木，沿半月形夯土遗址补植雪松；其他区域补植少量浅根性灌木和小乔木，营造疏林草地景观。

（9）植被升级更换区——保留唐城人家园林化栽植的部分树木，补植线性雪松林，延续城墙意向。

西墙土垄植被调整区
西墙茶园植被优化区
北墙更换种植区
东墙更换种植区
东门植被更换区
雪松密林保持区
公墓雪松林保持区
覆土增加植被区
植被升级更换区

❶ 植被调整图

墙顶标高29.5m

墙内标高23m

❶

路面标高16.5m

水面标高14.5m

0 4m 8m 12m 16m
2m 6m 10m 14m

❷

墙顶标高25.5m

墙内标高20m

路面标高17m

水面标高14.5m

0 4m 8m 12m 16m
2m 6m 10m 14m

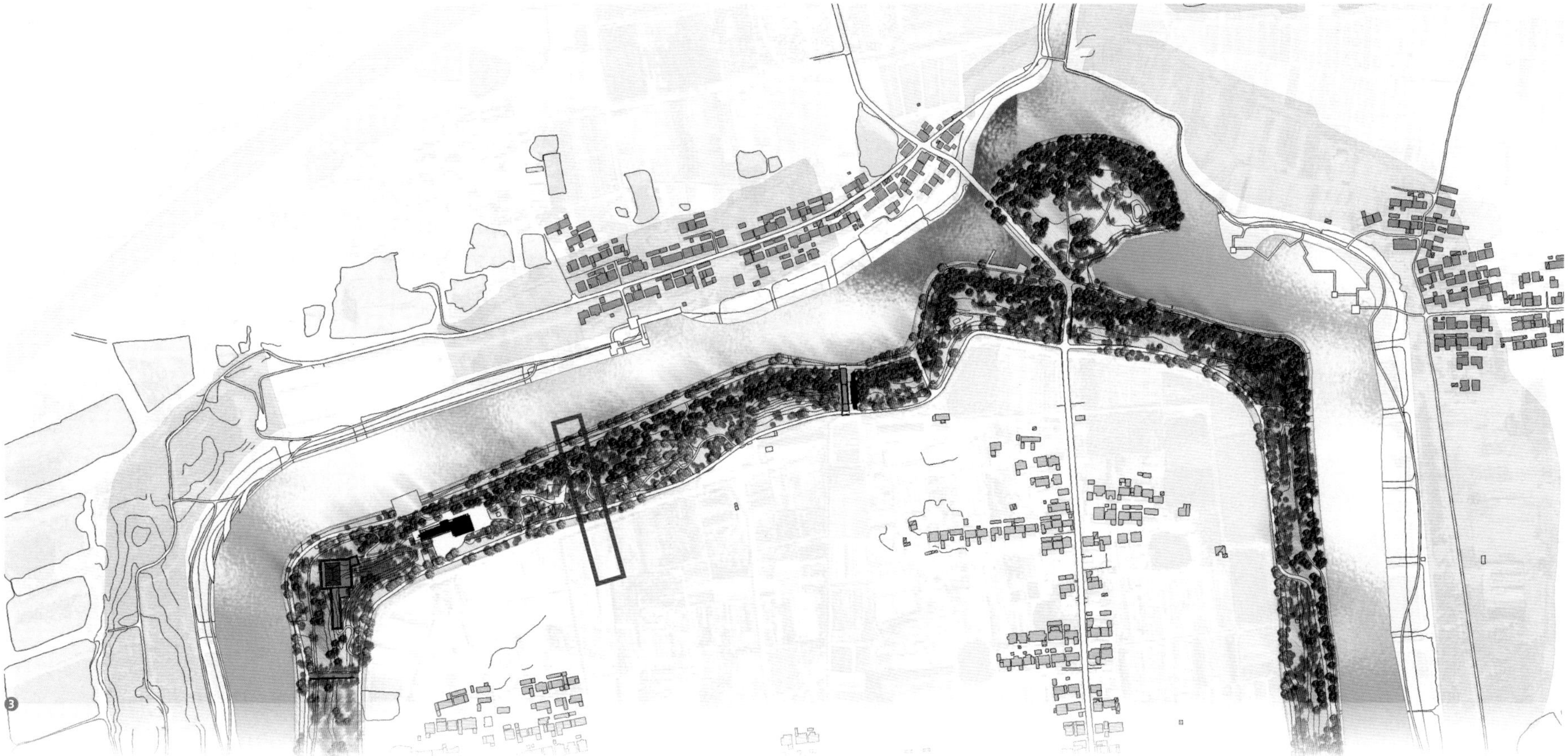

❶ 西南段城墙剖面

❷ 西北段城墙剖面

❸ 北段城墙剖面

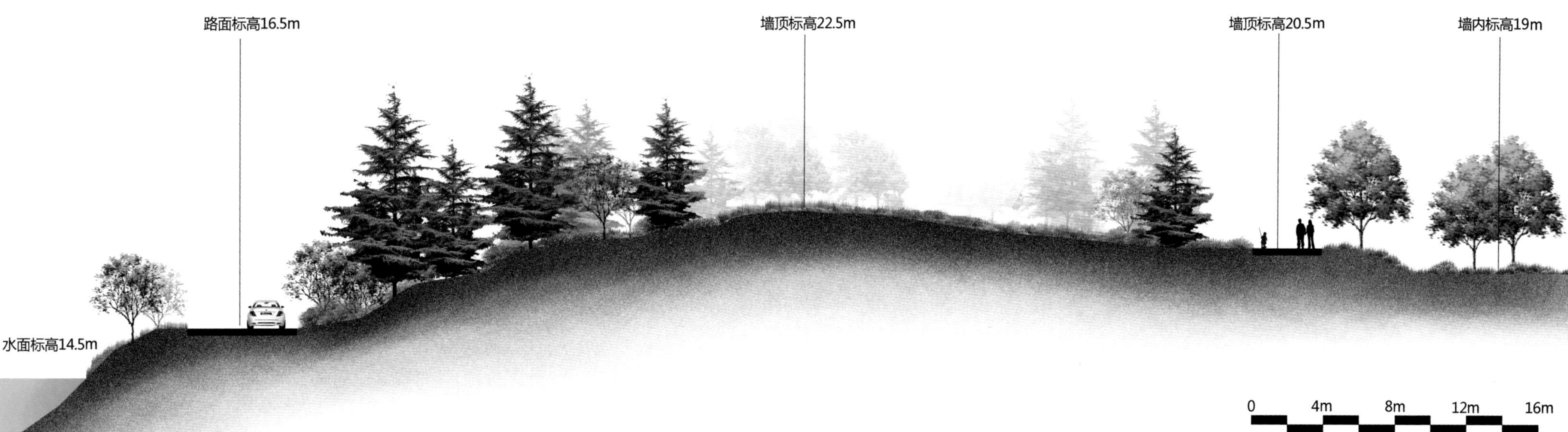

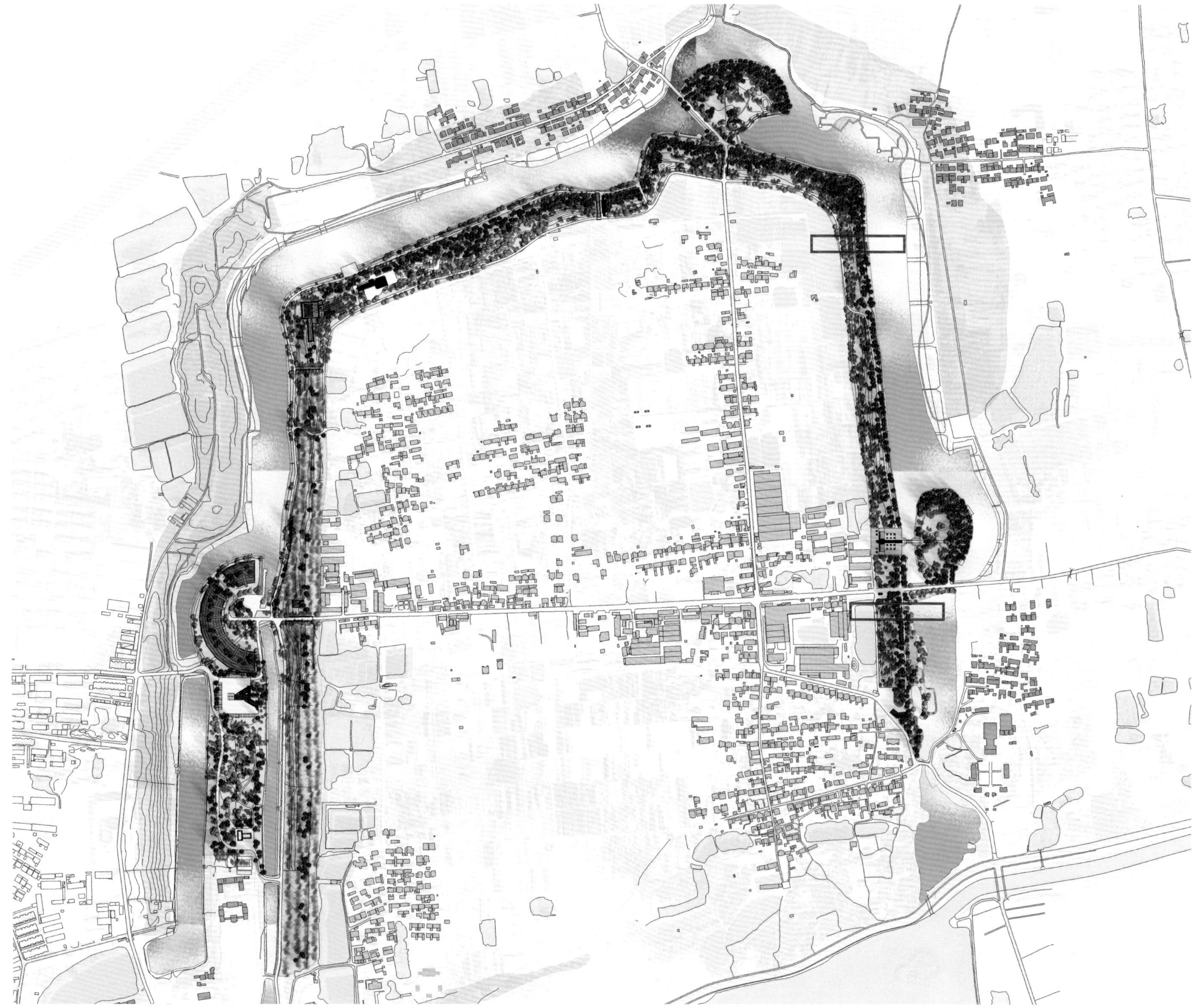

❶ 东段城墙剖面
❷ 东南段城墙剖面

❶

墙内标高18m
墙顶标高22m
路面标高20m
路面标高16m
水面标高14.5m
0
4m
8m
12m
16m
2m
6m
10m
14m

❷

墙内标高18m
路面标高18m
墙顶标高20m
路面标高16.5m
水面标高14.5m
0
4m
8m
12m
16m
2m
6m
10m
14m

# 展示区管理与服务设施改造工程

## 工程概况

本方案中展示区管理与服务性建筑位于两处地块。宋宝城城墙西北角楼东侧的综合服务中心位于小渔村原址上，也是唯一一处在堡城城墙夯土遗址上的服务建筑。另一处建筑位于西瓮城南侧的平山乡派出所原址上，北临堡城路，处于整个园区的西出口位置，是规划园区的管理中心，位于宋宝城西轴中间地带城墙夯土上，地面标高 22 米，建筑总面积 4500 平方米。

## 工程等级

建筑耐久等级三级，建筑耐火等级二级。

## 建筑风格与功能布局

展示区内管理和服务性建筑在设计风格上避开古建筑样式，采用钢结构现代风格的中性表达，简洁且注重功能，与城墙遗址和其他展示类仿古建筑的厚重形成对比。

小渔村服务建筑集问询、纪念品、零售、简餐、休憩和卫生间等功能，是园区西北处的服务中心，也是隋代角楼展示棚的功能补充。服务建筑与展示棚直接相通，同时又有道路与城墙遗址内、外干道相接，北侧临水为游船码头。整个建筑所在地面标高明显低于两侧城墙夯土，建筑高度不高于西侧保存相对较好的夯土城垣顶部高程，在周围植物的掩映下能“藏”在落日江都遗址景观中，不与西侧的主景角楼相冲突。

园区管理中心位于西门区，兼具游客服务功能，是面积最大的一组功能建筑。北半部临近西门城外羊马城的城垣，为游客综合服务中心，配置餐饮、问询、休憩和卫生间等功能；南半部规划为办公区。

❶ 服务设施布局平面
❷ 北墙服务设施屋顶平面
❸ 北墙服务建筑平面
❹ 北墙服务建筑北立面
❺ 北墙服务建筑南立面
❻ 北墙服务建筑西立面
❼ 北墙服务建筑东立面

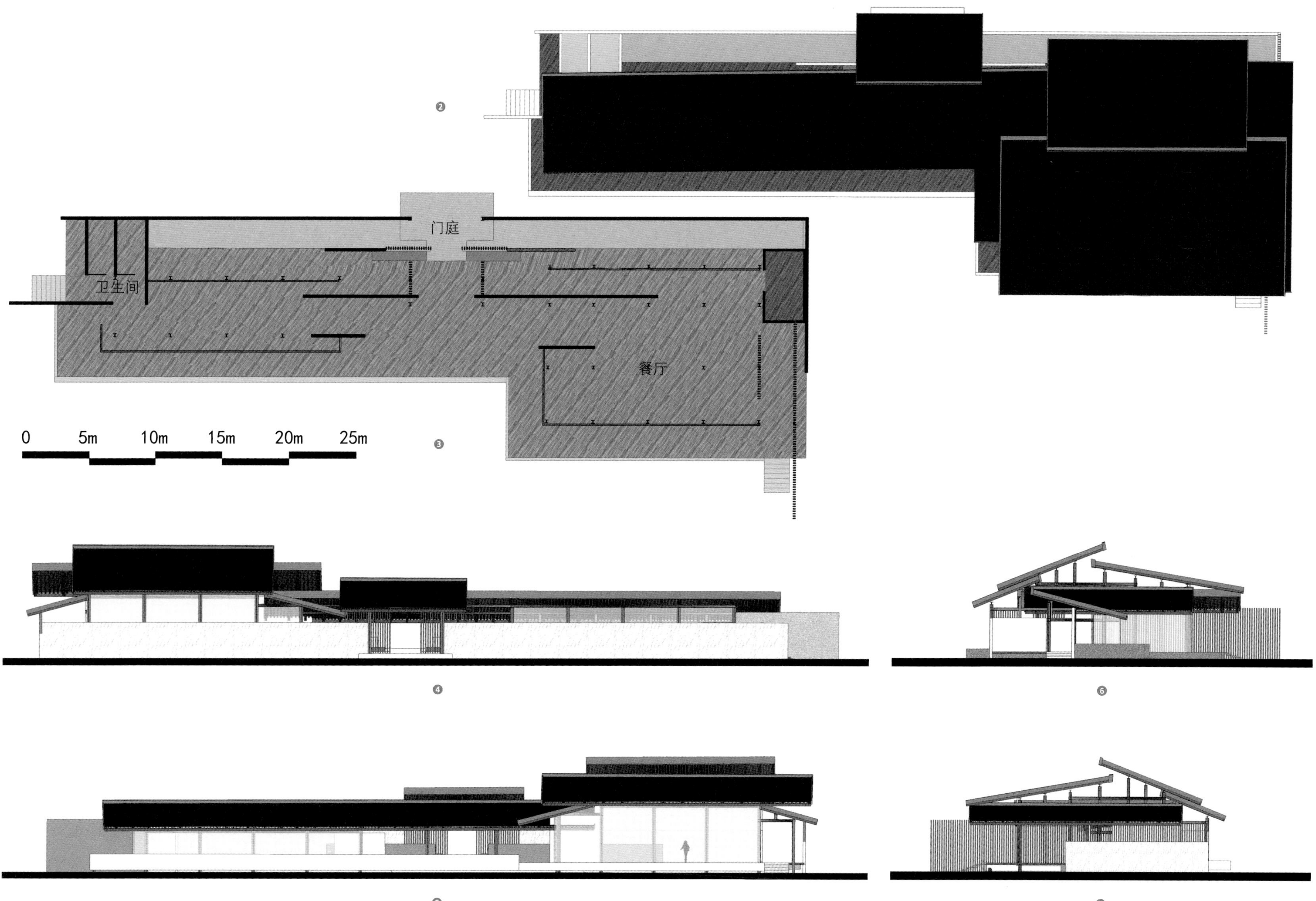
门庭
卫生间
餐厅
0
5m
10m
15m
20m
25m

❶ 西门服务建筑平面

❷ 西门服务建筑正立面

❸ 西门服务建筑西立面

❹ 西门服务建筑北立面

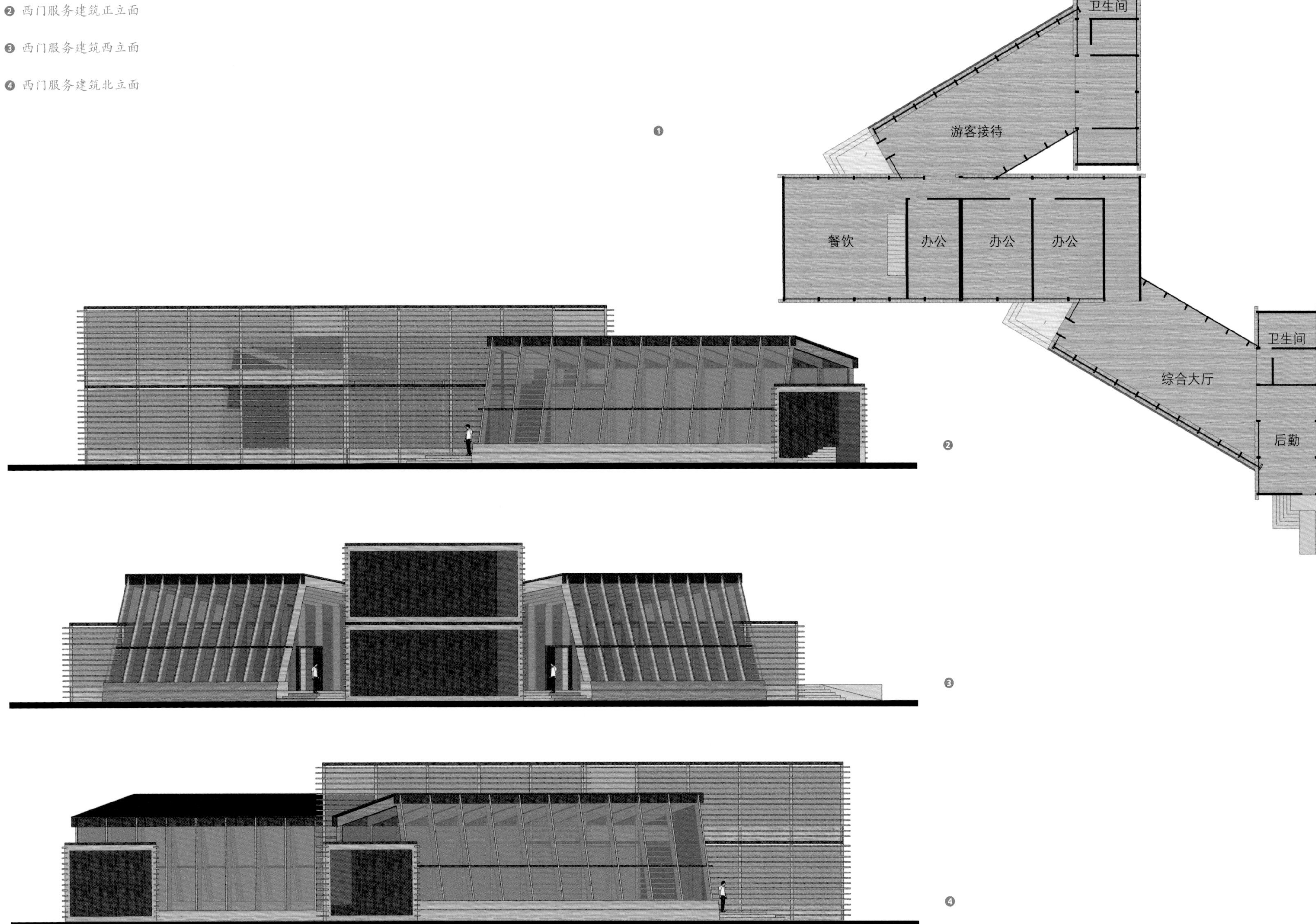

## 基础设施工程

### 变、配电工程

园区采用一级供电。其中一级负荷包括：消防设备用电、安防用电、展品陈列照明、应急照明及疏散标志灯；其他为二级负荷。采用环形回路 10 千伏（专用线）高压供电。高压变电所内电源进线设电流速断和过电流保护，馈出回路设电流速断，过电流保护和单相接地保护。电能计量装置由设于高压 (10 千伏) 电源进户处的专用计量柜计量。低压侧分设电流表、电压表及有功、无功表，以满足建设方内部核算要求；低压馈出回路均装设电流表；中心控制室设微机控制仪表显示功能。

### 给水工程

生活用水——管理用水标准每人每天 50 升，总工作人员暂按 100 人计，用水量 $Q_1$=5 立方米；

服务用水——每人每天 10 L，游客容量暂按 4000 人计，服务用水量 $Q_2$=40 立方米；

生活总用水量——$Q_{生活}=(Q_1+Q_2)\times 1.2=(5+41)\times 1.2=54.0$(立方米)。

生产用水——道路保洁、绿化喷洒用水标准每平方米每天 2 升，需要用水的面积按总面积的 35% 计算，即 10.837 万平方米；故道路保洁及绿化喷洒每天用水量 $Q_{生产}=216.74$ 立方米。

不可预计用水量按 20% 计算，故每天 $Q_{不可预计}=54.15$ 立方米。

最高日用水量 $=Q_{生活}+Q_{生产}+Q_{不可预计}=54.0+216.74+54.15=324.89$(立方米)

故供水干管及环线采用 DN300 管径，支管采用 DN100 管径。

### 排水工程

生活污水中的卫生间黑水通过化粪池回收，灰水与生产污水通过管道回收并与市政管网对接。地面降水通过地形找坡和明沟排入护城河中。

### 管线综合工程

园区管线施工方式均采用地下敷设，浅埋管线。地下管线与园路中心线平行敷设，尽可能布置在沿河绿地、人行道下。通信系统、有线电视系统、火灾自动报警系统、闭路电视系统、安全技术防范系统等弱电管线，在铺设当中需注意管线间的净距要求，采用光纤电缆。通信线路管道的管孔数考虑其他弱电线路和远期发展的备用孔数。

## 综合防护工程

### 防雷

遗址公园区内建筑物按二类防雷建筑物设计。其冲击接地电阻不大于 10 欧姆。屋面避雷网（带）组成不大于 10 米见方的网格。引下线利用构、建筑物的柱内主筋，接地装置利用构、建筑物的基础钢筋。电气系统在高低压开关柜内设避雷器;变压器低压侧设浪涌保护装置。

### 防洪

雨洪根据地形和竖向规划做自然散排向护城河，主要道路侧设明沟，辅助排水。

### 安全防护

分开设置展馆安防系统与园区安防系统，展示棚有独立的监控

❶ 指示牌

❷ 展示牌

❸ 展示牌



中心，园区配备一个总监控中心，与消防中心相接。安装视频监控和震动监控设施。制定不同等级的应急预警机制，以防范各类突发事件，尽可能减轻危害程度。

### 消防

园区内设置消防中心，联动控制消防泵、喷淋泵、弱电电源等主要设备。主要道路设置宽度为 4 米，满足消防车道要求。管理及服务用房设置手提式干粉灭火器；变配电所的高压配电室设防爆型通风机；变电所内的高、低压开关柜母线分段处设防火隔板，一级负荷的两路电缆同沟敷设时，采用绝缘和护套均为阻燃型材料的电缆，并分别置于电缆沟的两侧支架上。

## 指示标识

指示标识牌的设计主题取自城墙包砖与夯土的交错关系，采用黄锈石花岗岩、不锈钢板和汉白玉材质形成简洁明快的风格。

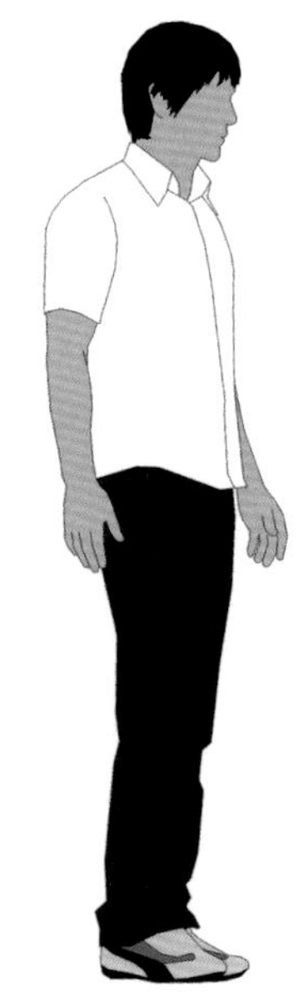

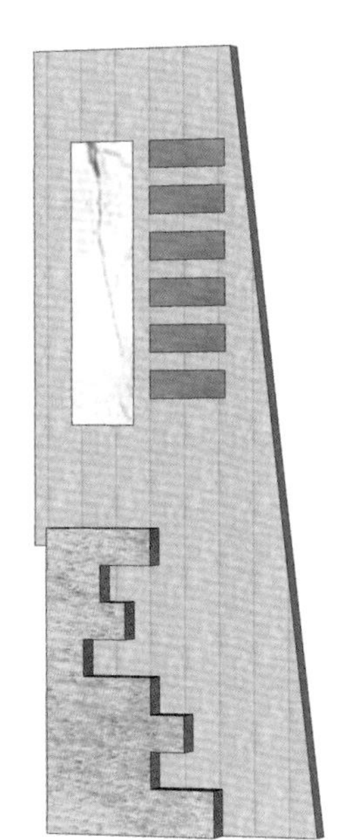

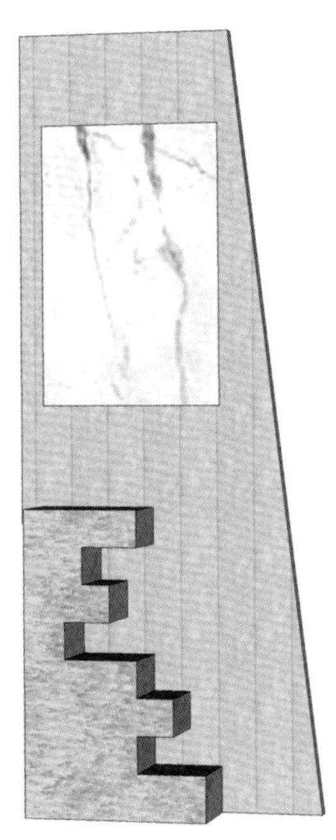

❶

❷

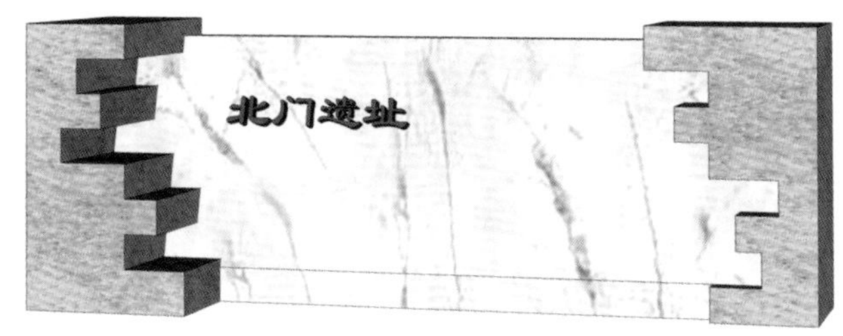


❸

# 附录

# 城墙保护展示工程设计图则

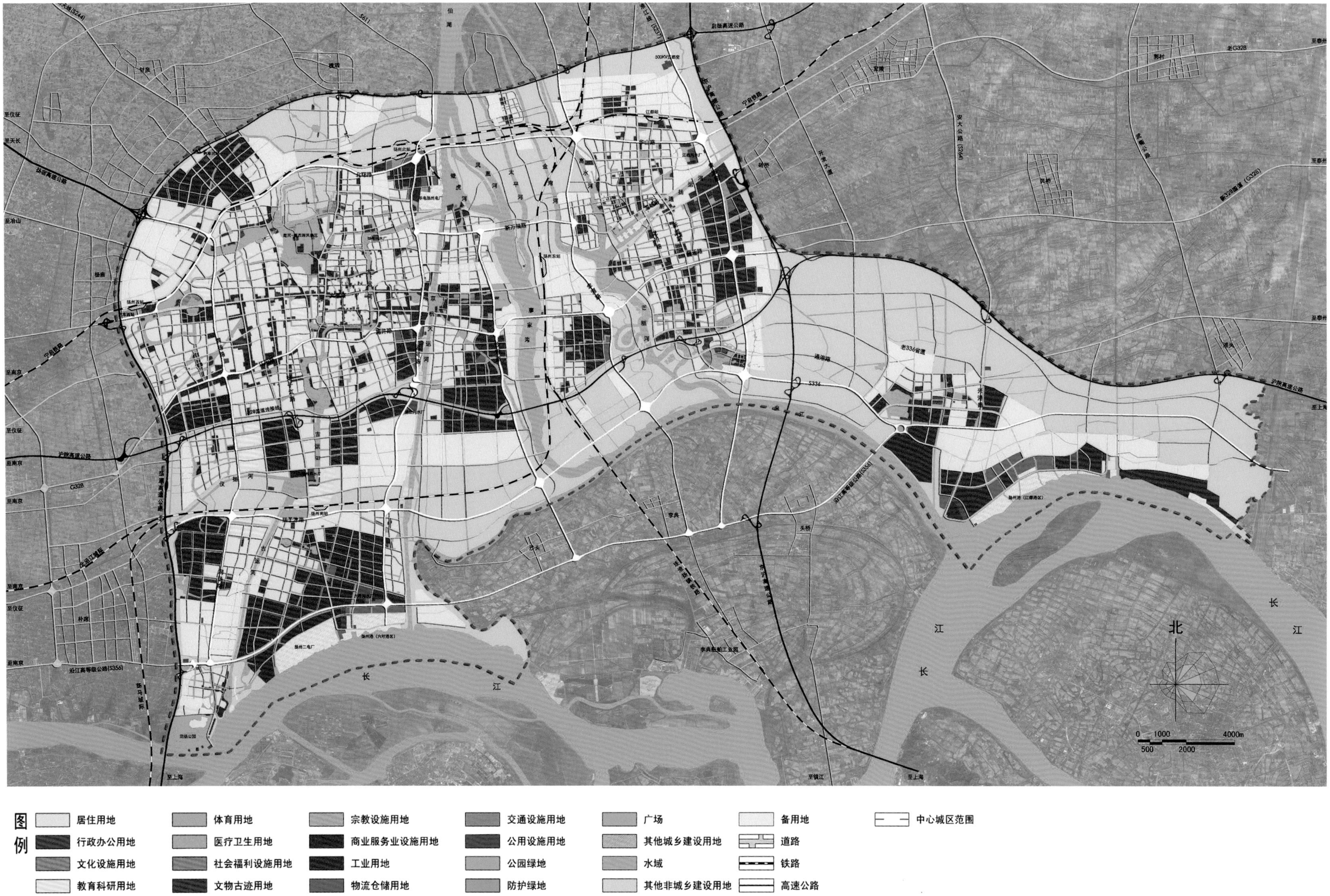

图例

| | | | | | | |
|---|---|---|---|---|---|---|
| 居住用地 | 体育用地 | 宗教设施用地 | 交通设施用地 | 广场 | 备用地 | 中心城区范围 |
| 行政办公用地 | 医疗卫生用地 | 商业服务业设施用地 | 公用设施用地 | 其他城乡建设用地 | 道路 | |
| 文化设施用地 | 社会福利设施用地 | 工业用地 | 公园绿地 | 水域 | 铁路 | |
| 教育科研用地 | 文物古迹用地 | 物流仓储用地 | 防护绿地 | 其他非城乡建设用地 | 高速公路 | |

扬州市中心城区用地规划图
来自《扬州市城市总体规划（2011–2020）》

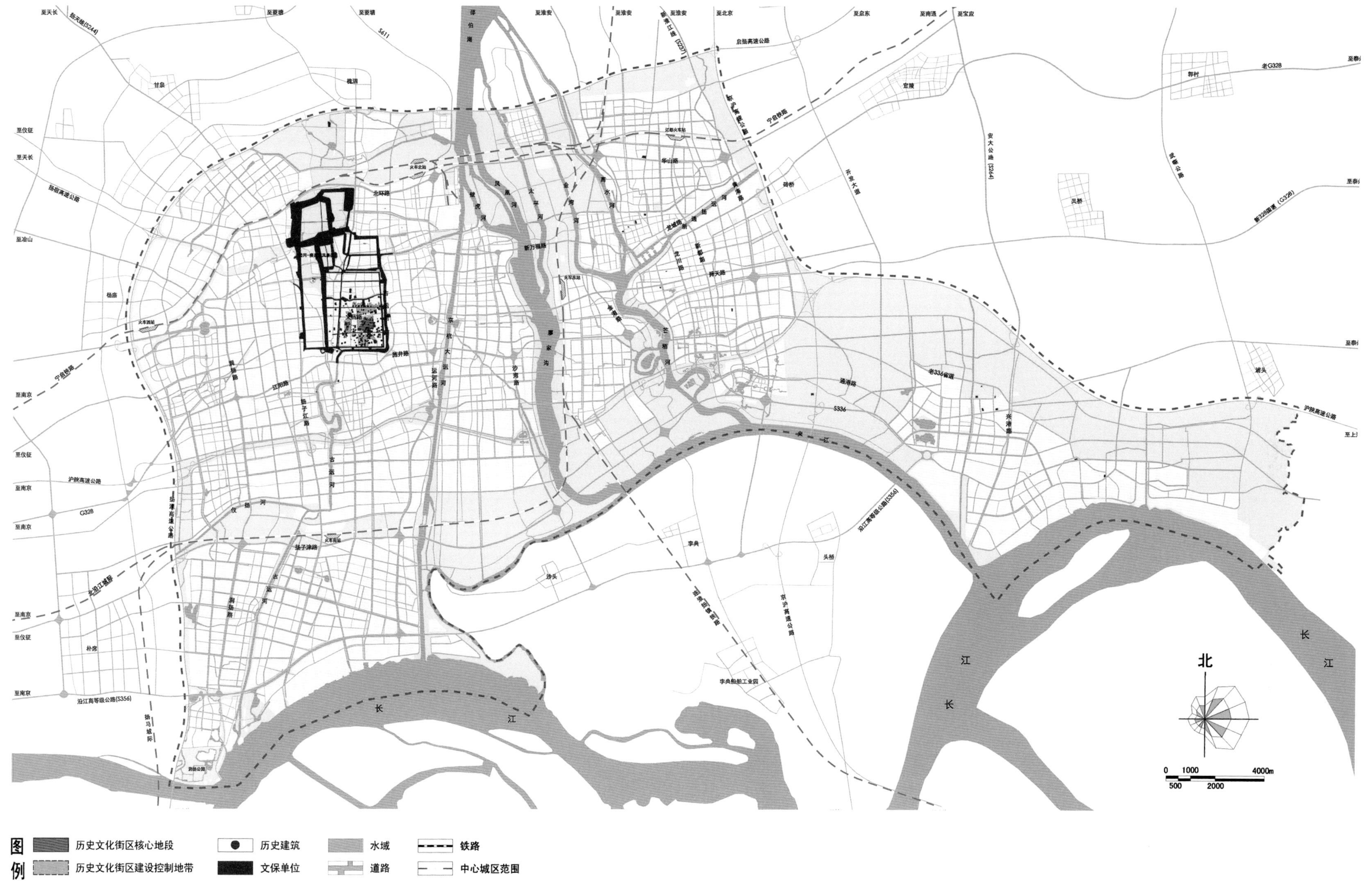




扬州市中心城区紫线规划图
来自《扬州市城市总体规划(2011-2020)》

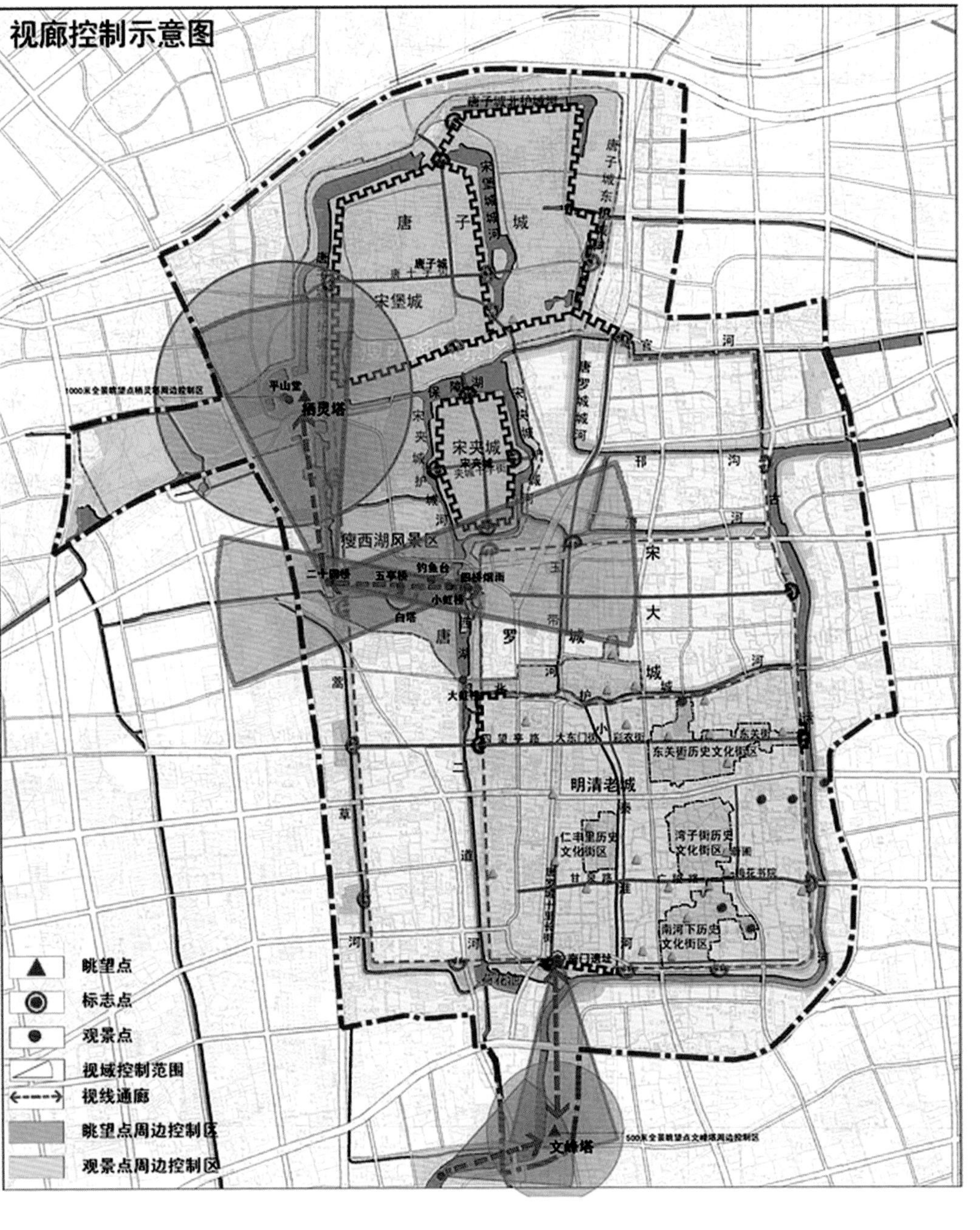


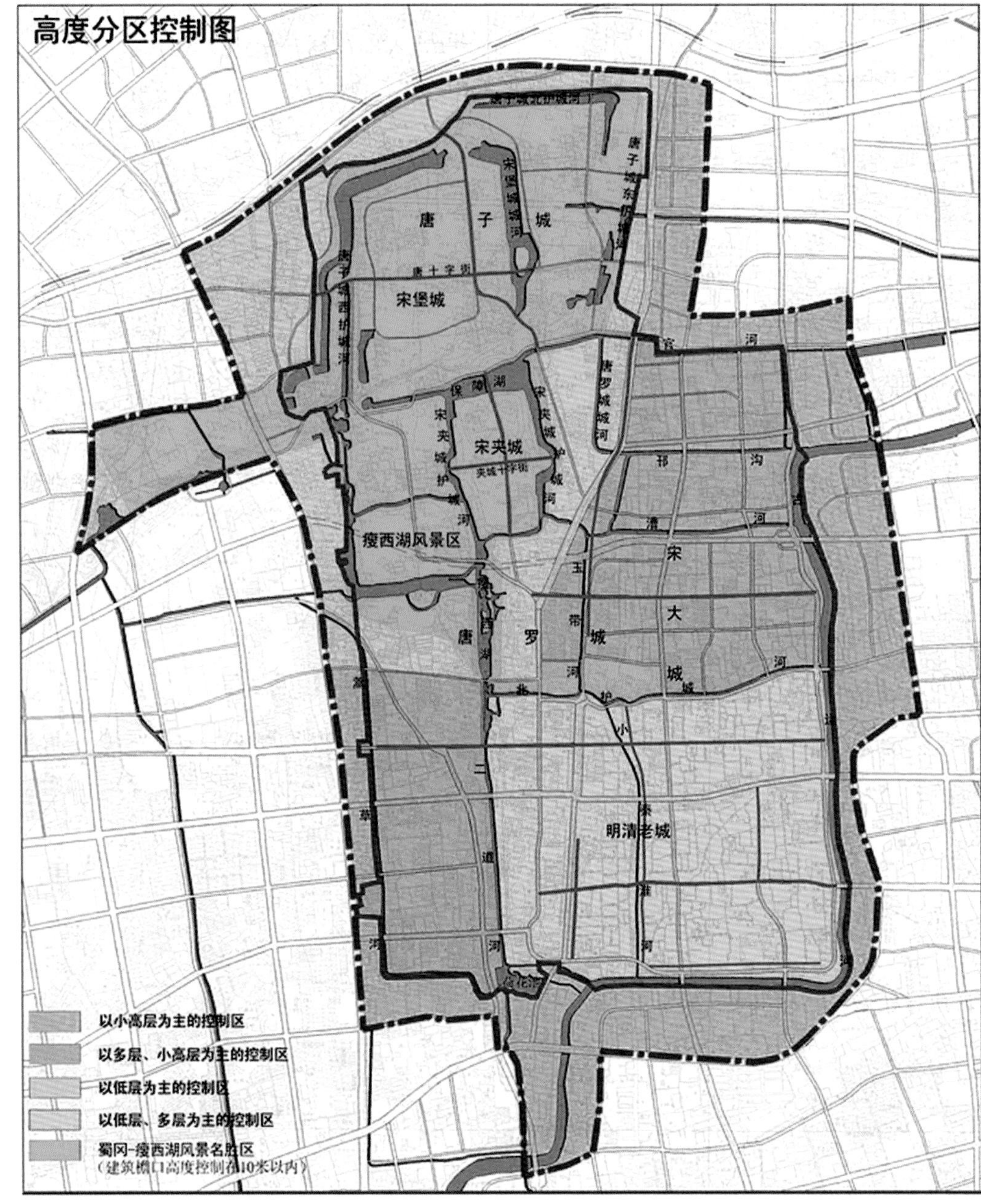




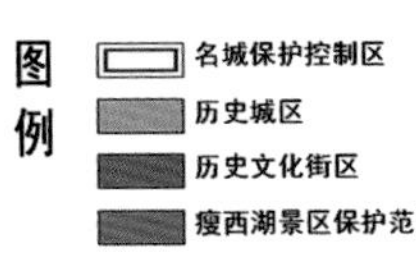
图例

名城保护控制区
历史城区
历史文化街区
瘦西湖景区保护范围
宋夹城保护范围
唐子城保护范围
城河体系保护范围
建控地带
全国重点文物保护单位
省级文物保护单位
历史建筑（已公布）
历史水系
主要历史道路
蜀冈-瘦西湖风景名胜区范围边界
城墙遗迹（保留有地面遗迹或已经考古发掘）
城墙遗迹（无地面遗迹、未经考古发掘）
城门遗迹（保留有地面遗迹或已经考古发掘）
城门遗迹（无地面遗迹、未经考古发掘）

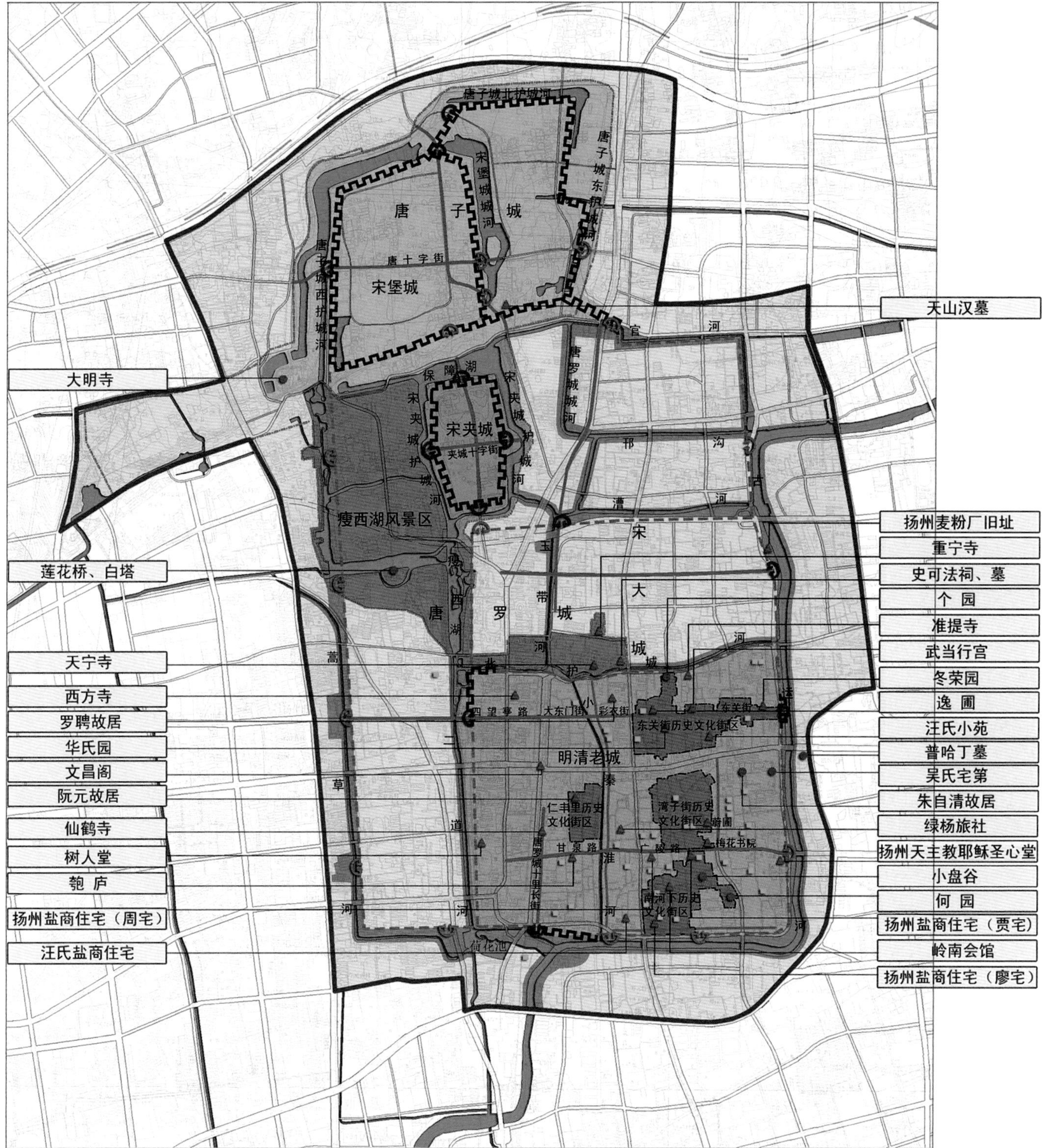




扬州市中心城区历史文化名城保护规划图
来自《扬州市城市总体规划（2011-2020）》

扬州城遗址平面图
来自《扬州城 1987–1998 年考古发掘报告》

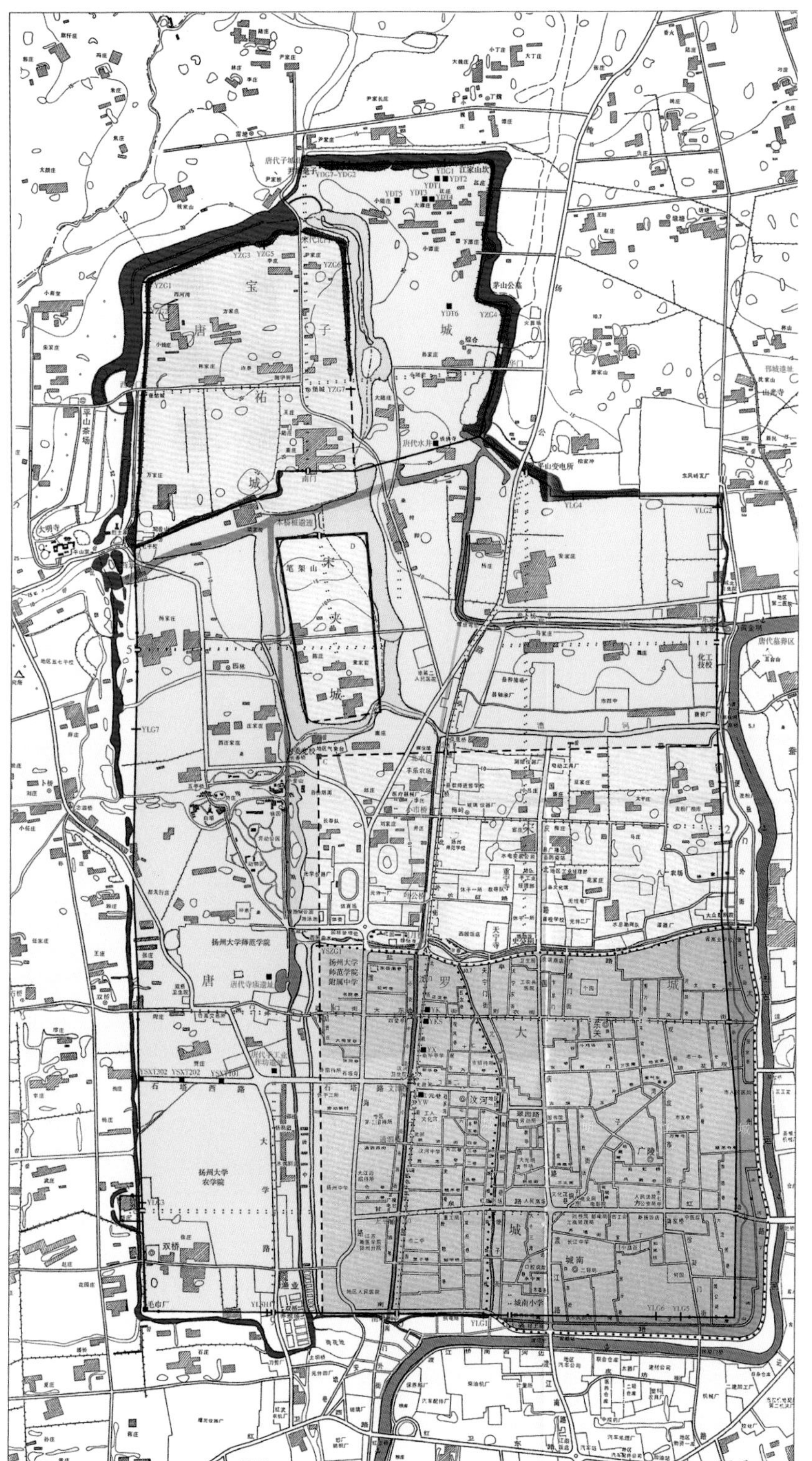


唐城城墙　● 钻探点　城门　1–12 唐罗城城门
宋城城墙　钻探出的路土　探方、探沟发掘点
明城城墙　A B C D 蜀冈下高于地面的夯土城墙遗迹
现存的唐代护城河遗迹　据勘探资料复原的唐代护城河　宋代护城河遗迹
明代护城河遗迹　钻探出的古河道　古河道遗迹
唐城　宋城　明城　高于地面的夯土城墙遗迹

附页　扬州城址图
（据 1973 年扬州市地图改绘）

0　500 米

2010年总规保护范围及建设控制地带图
引自《扬州城遗址（隋至宋）保护规划》

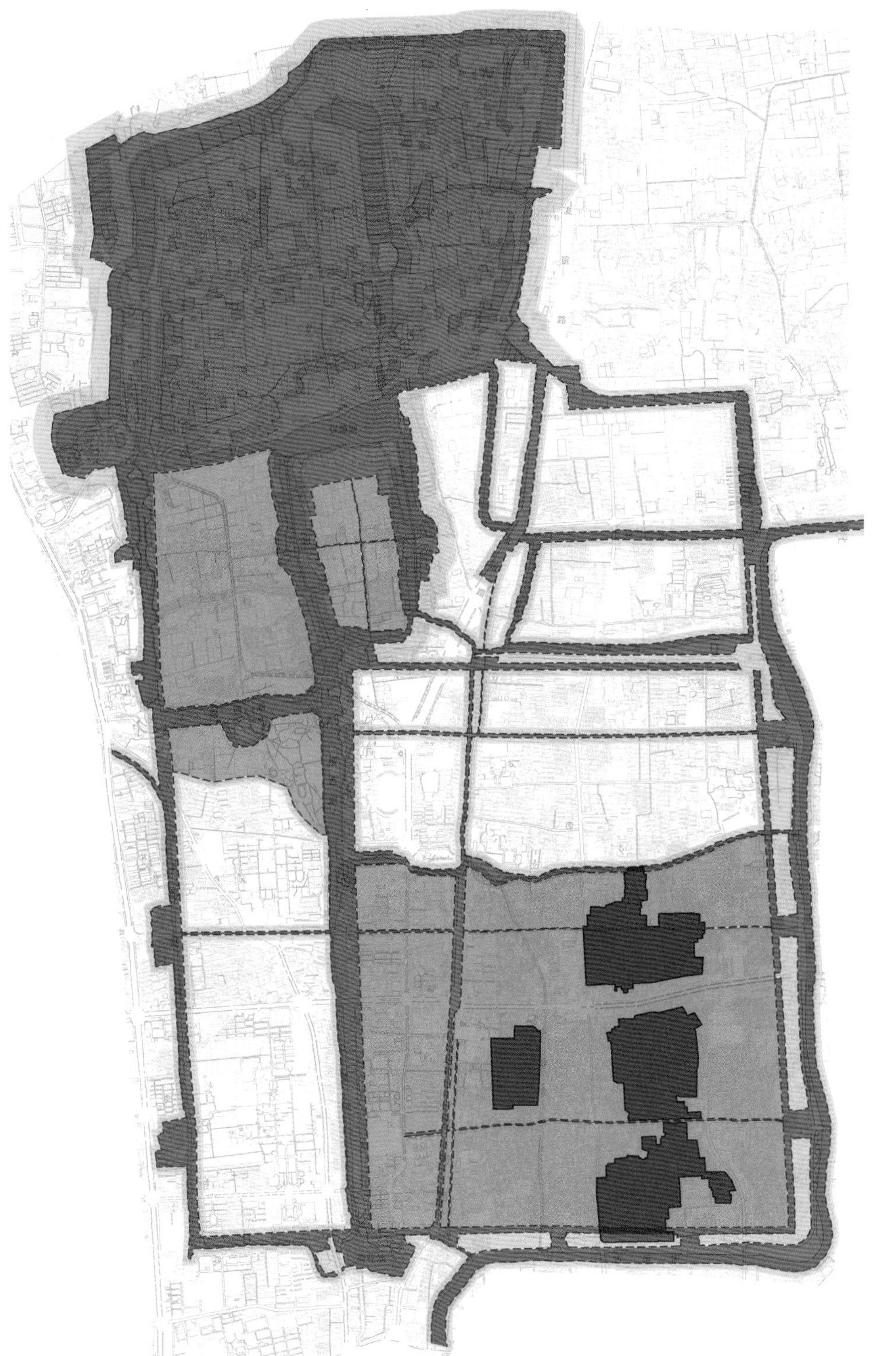

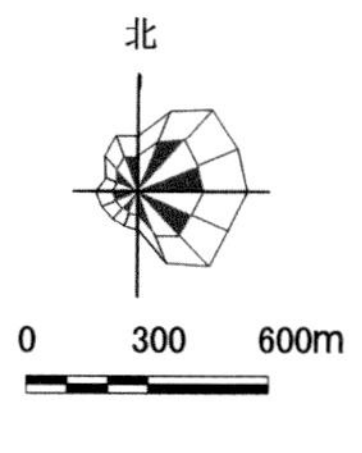

瘦西湖－蜀岗风景名胜区总体规划图
来自《蜀岗－瘦西湖风景名胜区总体规划（2011—2030）》

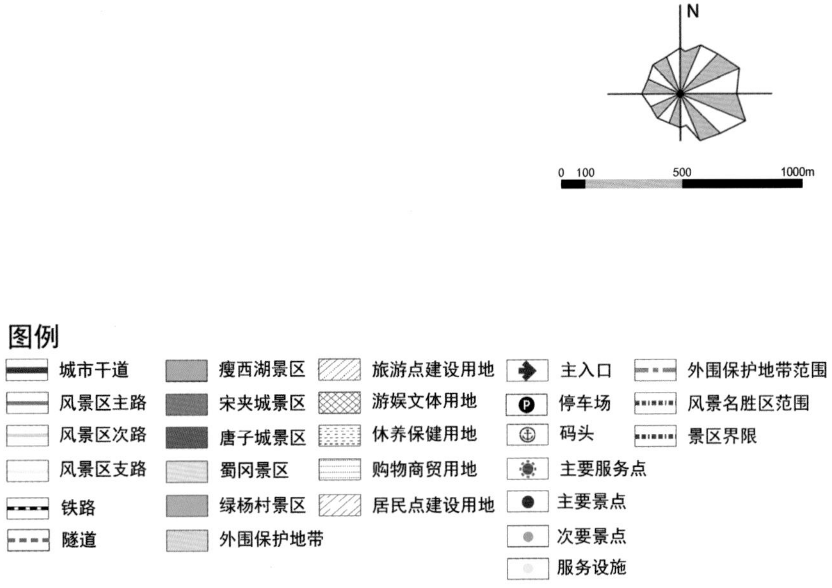

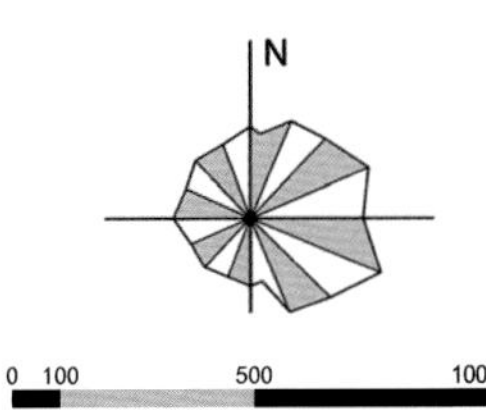

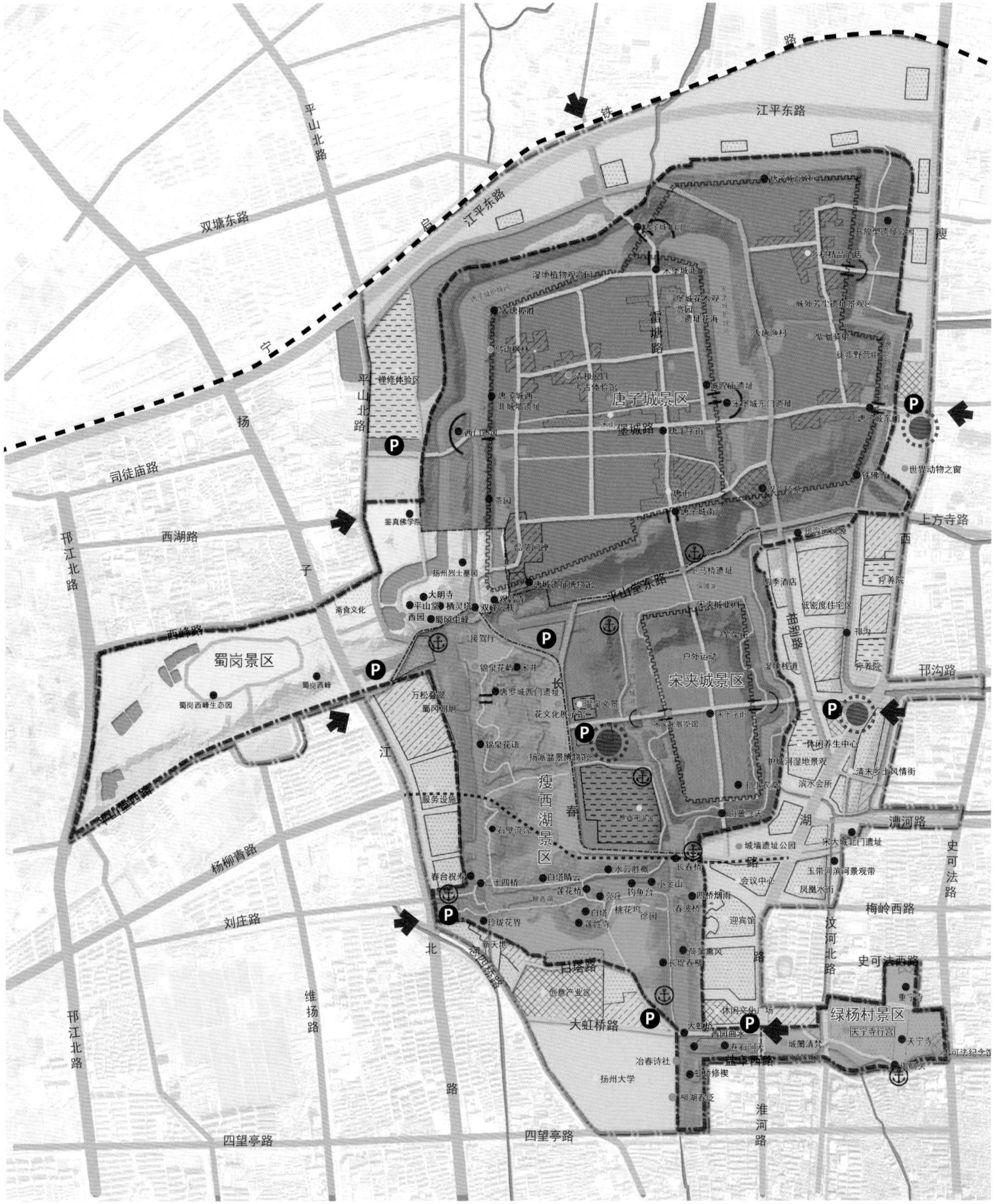

江平东路
平山北路
双塘东路
宁
扬
子
江
铁
路
唐子城景区
堡城路
蜀岗景区
宋夹城景区
瘦西湖景区
绿杨村景区
司徒庙路
西湖路
邗江北路
西峰路
杨柳青路
刘庄路
维扬路
四望亭路
大虹桥路
上方寺路
邗沟路
漕河路
梅岭西路
史可法路
史可法西路
汶河北路
淮河路

N
0 100 500 1000m
图例
城市干道
风景区主路
风景区次路
风景区支路
铁路
隧道
瘦西湖景区
宋夹城景区
唐子城景区
蜀冈景区
绿杨村景区
外围保护地带
旅游点建设用地
游娱文体用地
休养保健用地
购物商贸用地
居民点建设用地
主入口
停车场
码头
主要服务点
主要景点
次要景点
服务设施
外围保护地带范围
风景名胜区范围
景区界限

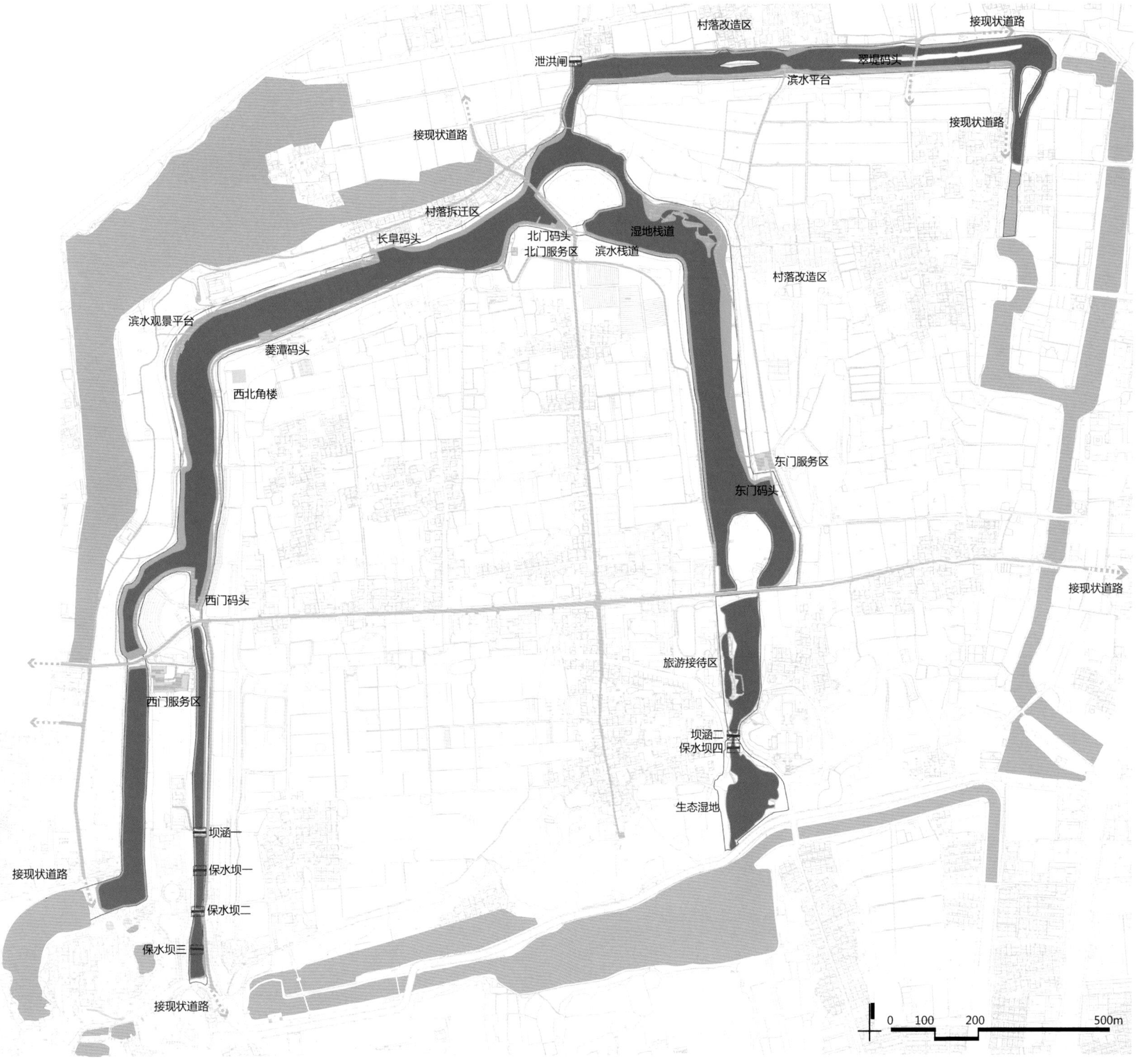


唐子城·宋宝城护城河遗址保护展示工程方案平面图
来自《唐子城·宋宝城护城河遗址保护展示工程方案》

蜀岗古城卫星遥感图

2012年概念性设计方案建议蜀岗上城址保护范围

江平东路
扬子江路
瘦西湖路
堡城村
汉墓博物馆
平山堂东路
大明寺
道路
水面
城墙夯土遗址
设计红线

考古发掘探方（沟）保护性回填及墙体现状豁口封堵修补位置示意图

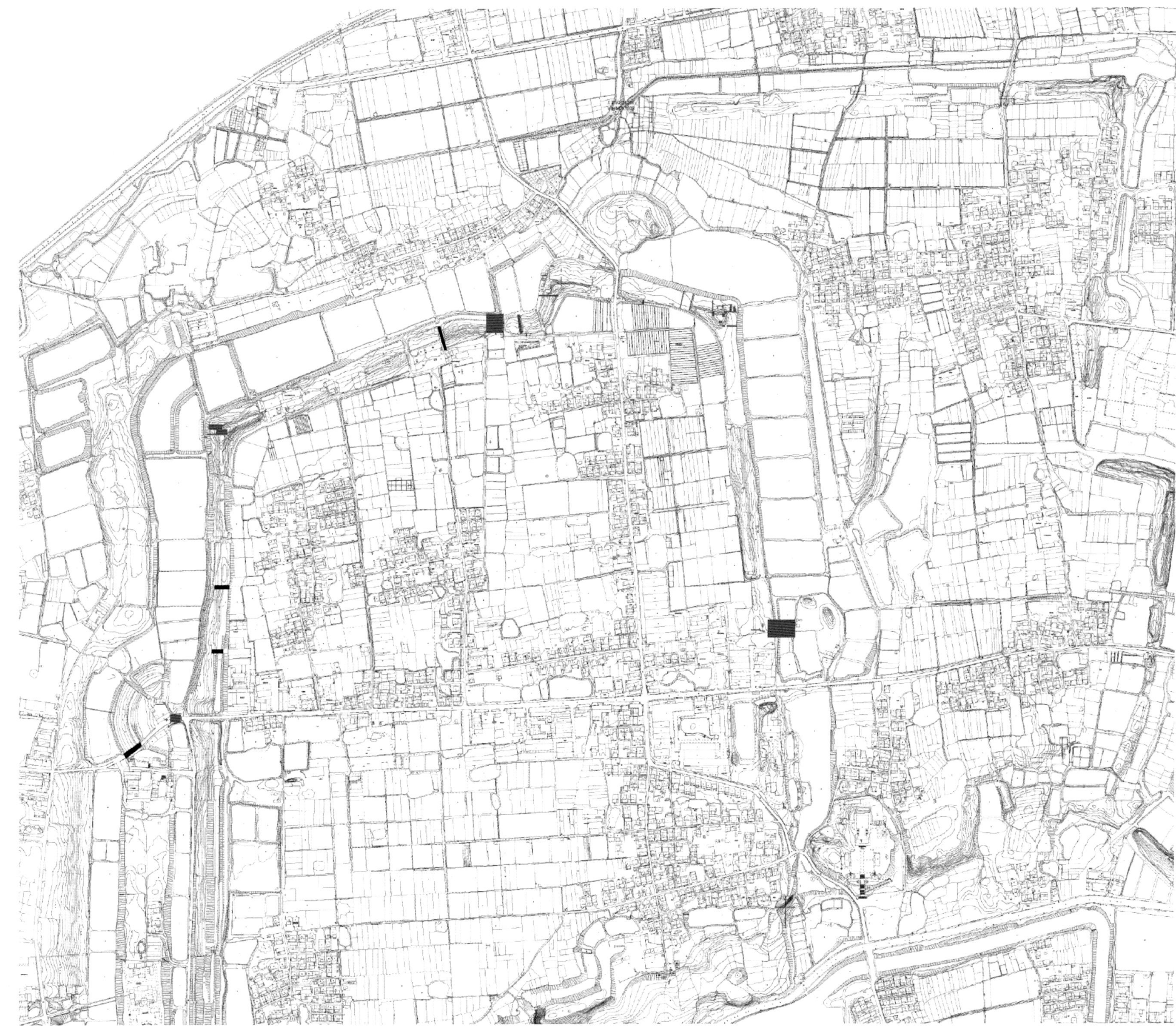

保护性回填考古发掘探方（沟）

封堵修补现状城墙豁口

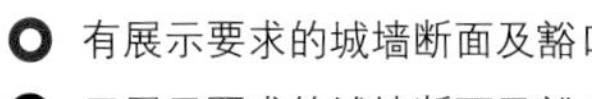
有展示要求的城墙断面及豁口
无展示要求的城墙断面及豁口
有展示需求的断面和无展示需求的断面共存的豁口

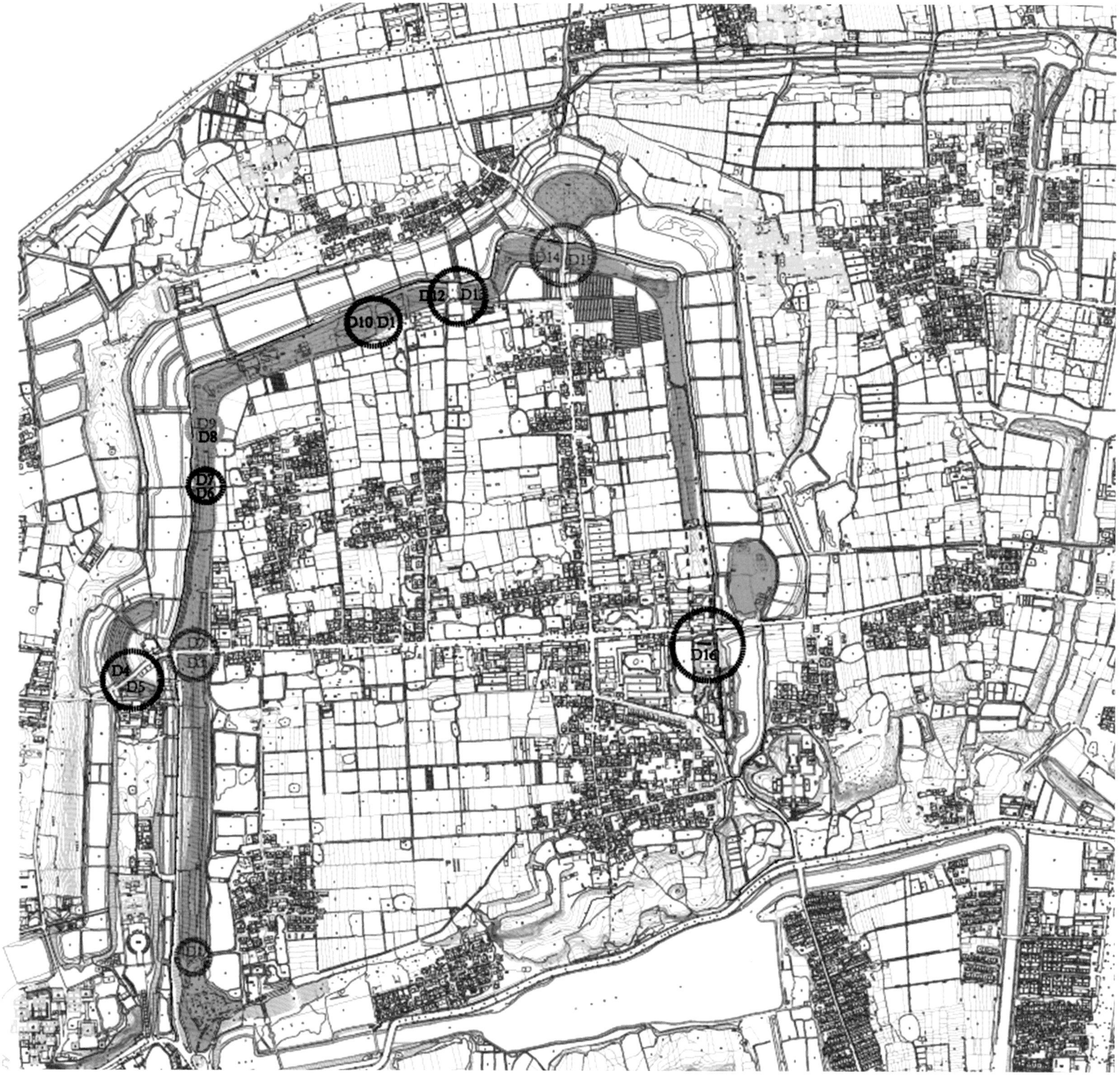

地用压力缓解位置示意图

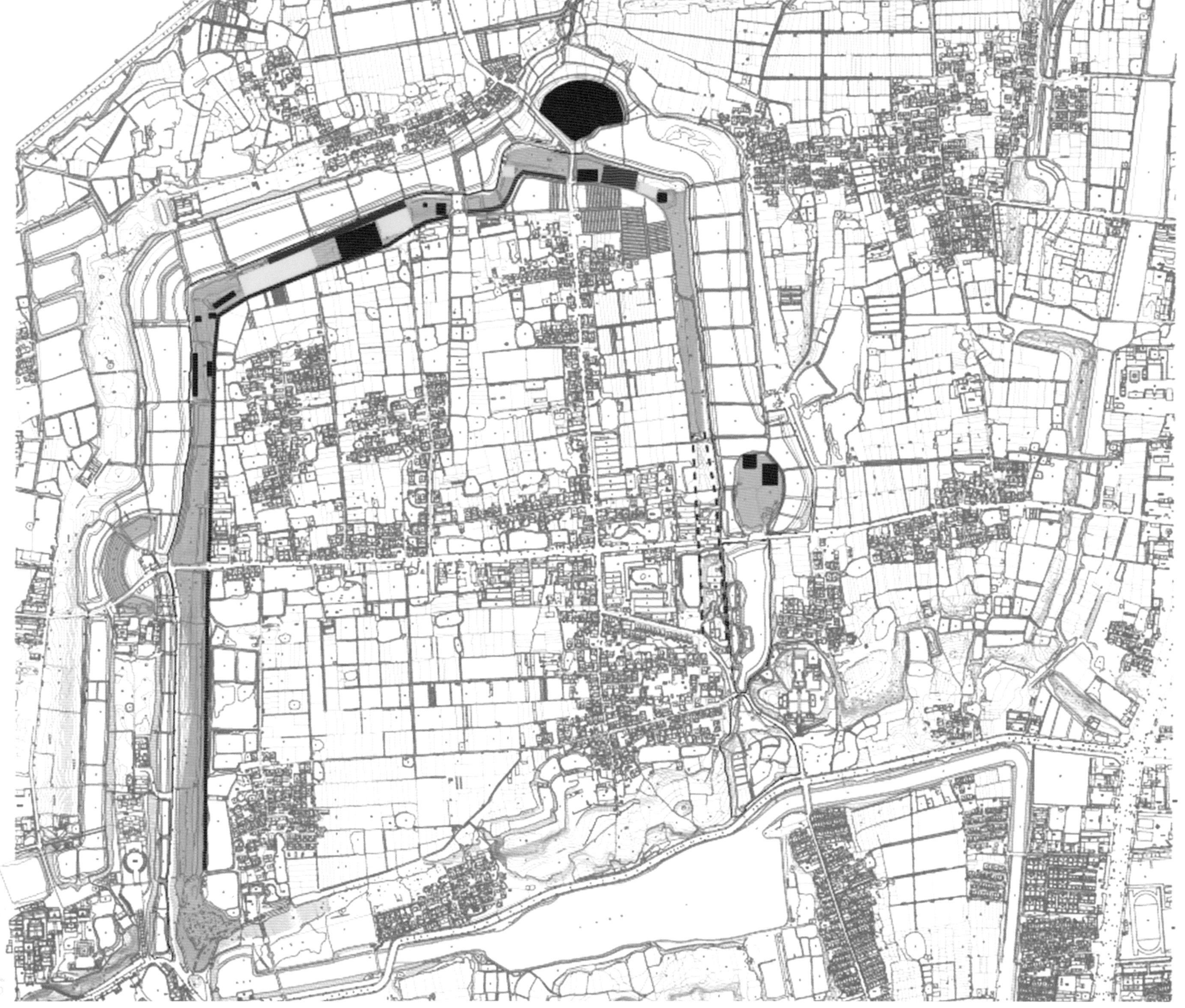

展示节点分布平面图

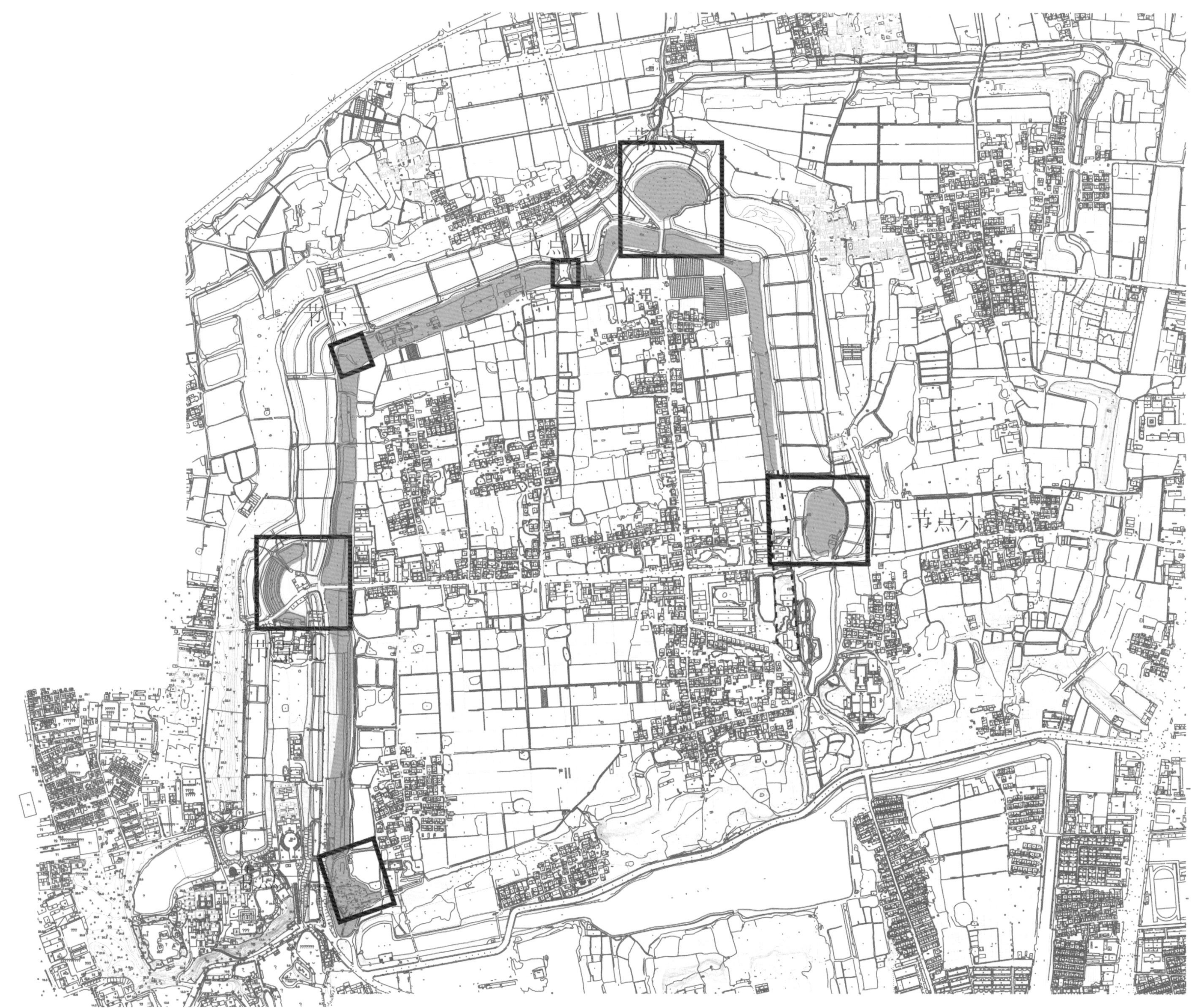

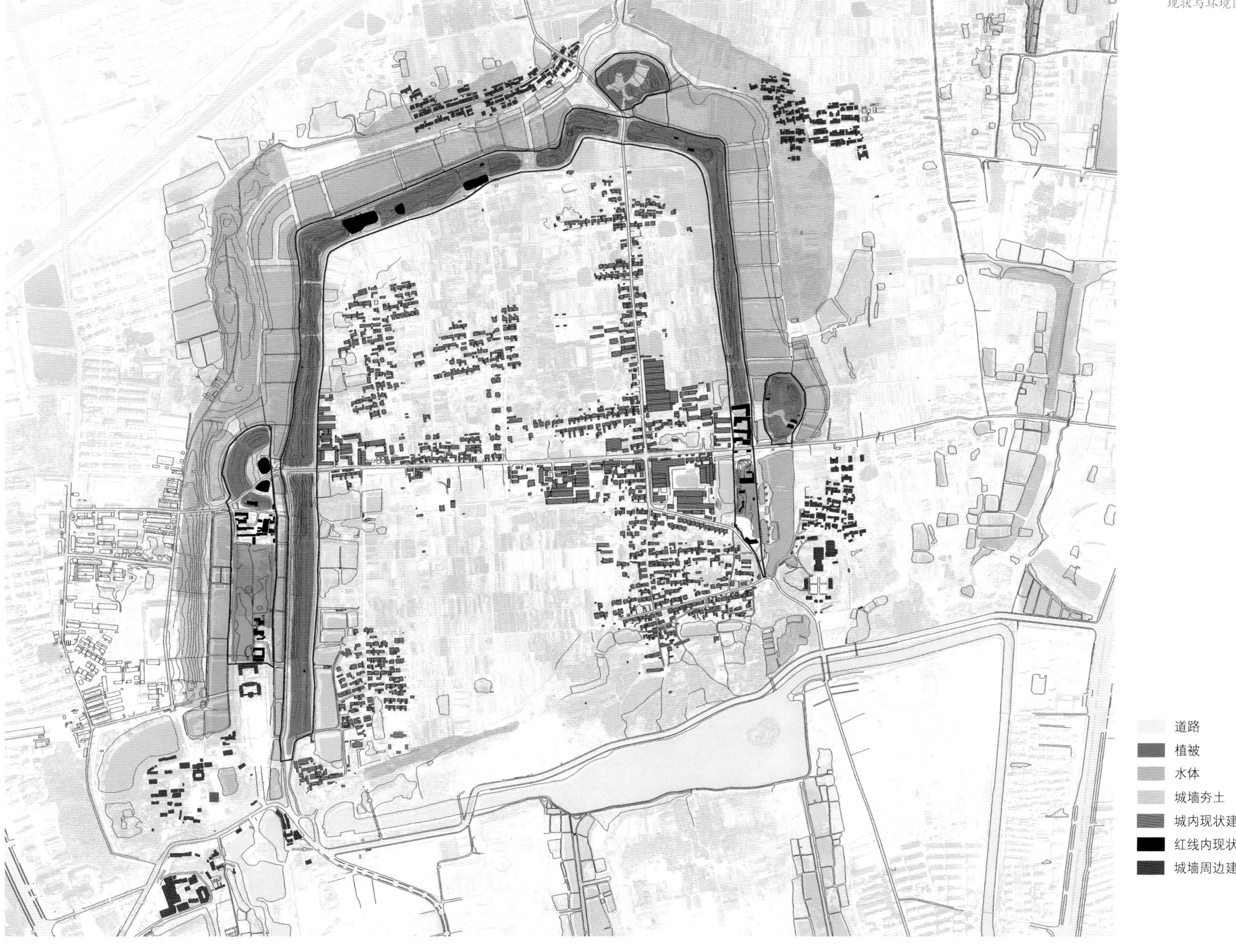


现状与环境图（2014 年前）

护城河水系及道路改造图

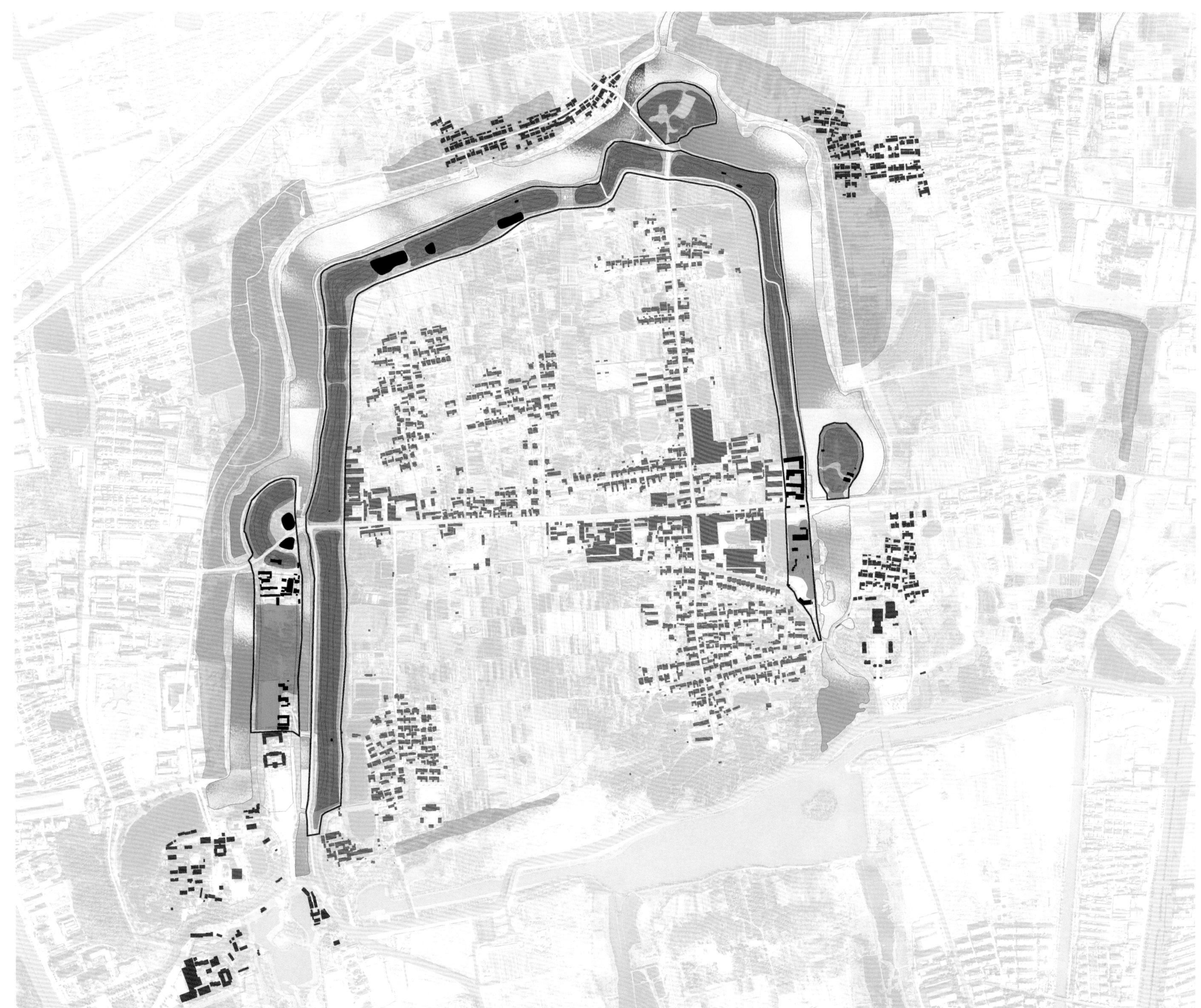

道路
植被
水体
城墙夯土
城内现状建筑
红线内现状建筑
城墙周边建筑

A001
A002
A003
A004
A005
A006
A007
A008
A009
A010
A011
A012
A013
A014
A015
A016
A017
A018
A019
A020
A021
A022
A023
A024
A025
A026
A027
A028
A029
A030
A031
A032
A033
A034
A035
A036
A037
A038
A039
A040
A041
A042
A043
A044
A045
A046
A047
A048
A049
A050
A051
A052
A053
A054
A055
A056
A057
A058
A059
A060
A061
A062
A063
A064
A065
A066
B001
B002
B003
B004
B005
B006
C001
C002
C003
C004
C005
D001
D002
D003
D004
E001
E002
E003
E004
E005
E006
E007
E008
E009
E010
E011

道路
植被
水体
城墙夯土
城内现状建筑
红线内现状建筑
城墙周边建筑
垃圾堆积

道路
水体
城墙夯土
墓地

道路
水体
城墙夯土
雪松林
园林苗圃
杂木树林
茶园

❶ 大明寺
❷ 观音山
❸ 烈士陵园
❹ 茶垄
❺ 管理服务建筑
❻ 西门"瓮城"
❼ 西门
❽ 西北转角展示棚
❾ 管理服务建筑
❿ 北门一
⓫ 北门二
⓬ 北门"瓮城"
⓭ 东门广场
⓮ 东门"瓮城"
⓯ 相别桥
⓰ 汉墓博物馆

环境整治图

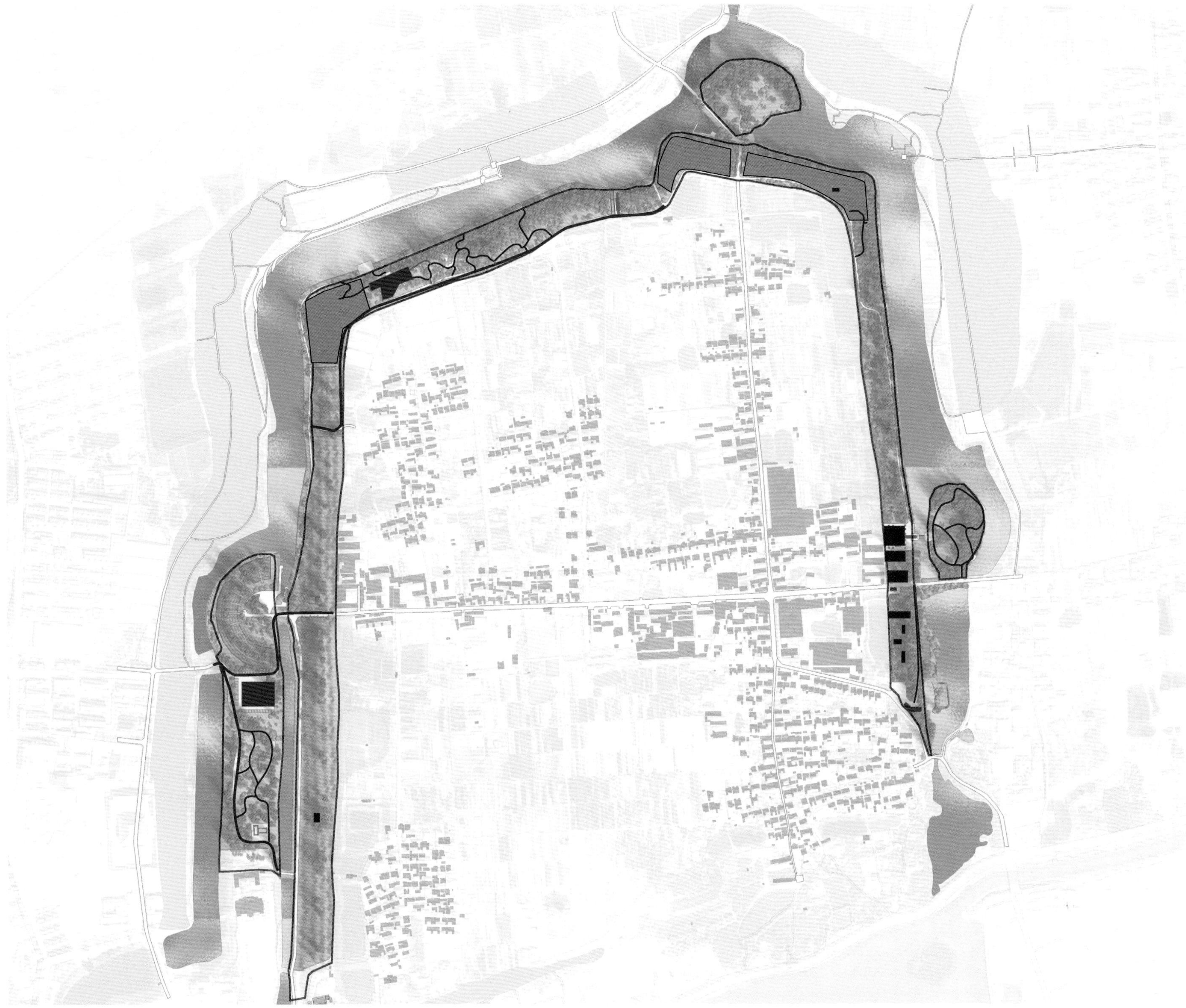

乔灌草多层植被区
茶园单层植被区
原有雪松单层植被区

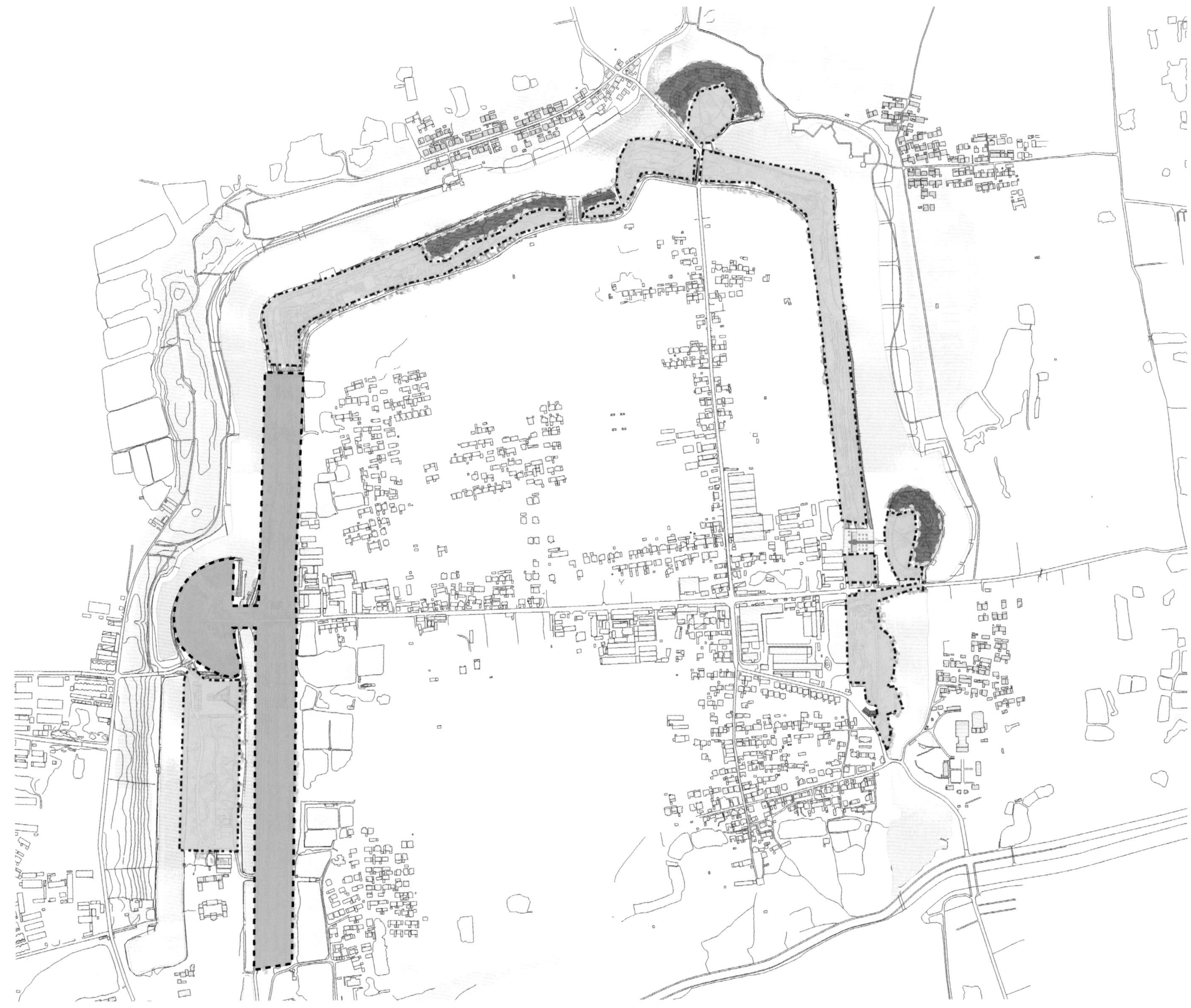

乔灌草多层植被区

茶园单层植被区

原有雪松单层植被区

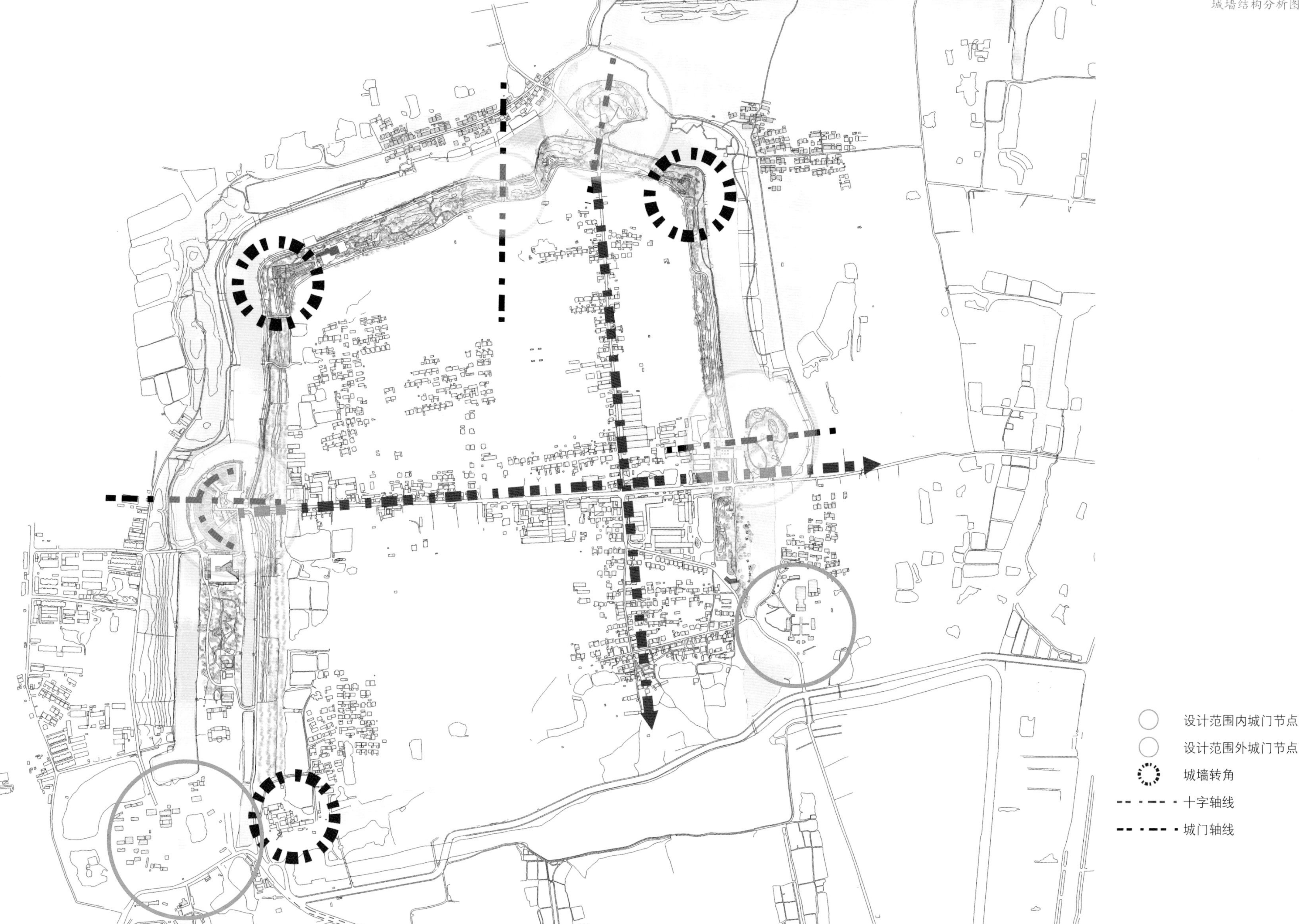


城墙结构分析图

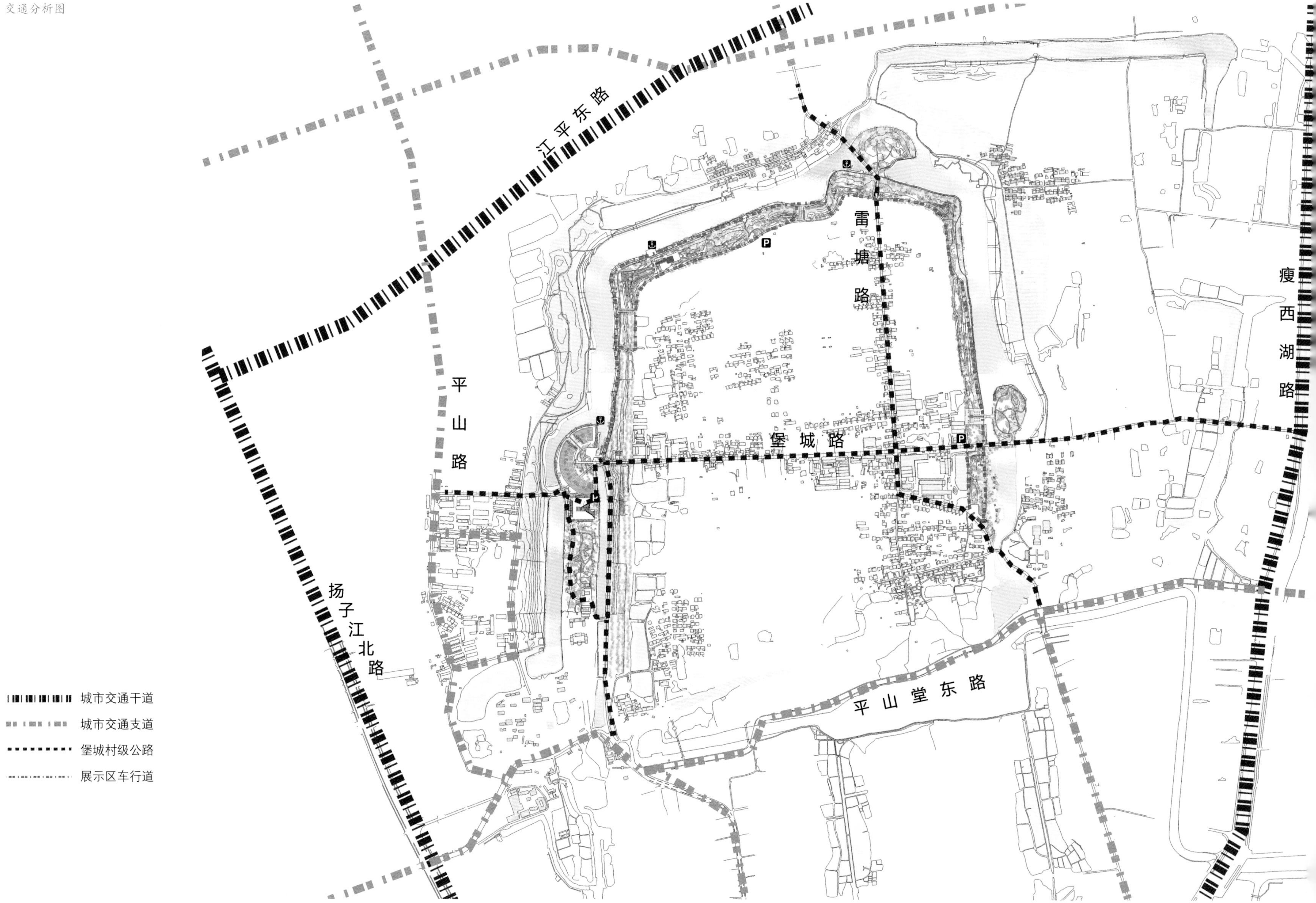

江平东路
平山路
雷塘路
堡城路
瘦西湖路
扬子江北路
平山堂东路
城市交通干道
城市交通支道
堡城村级公路
展示区车行道

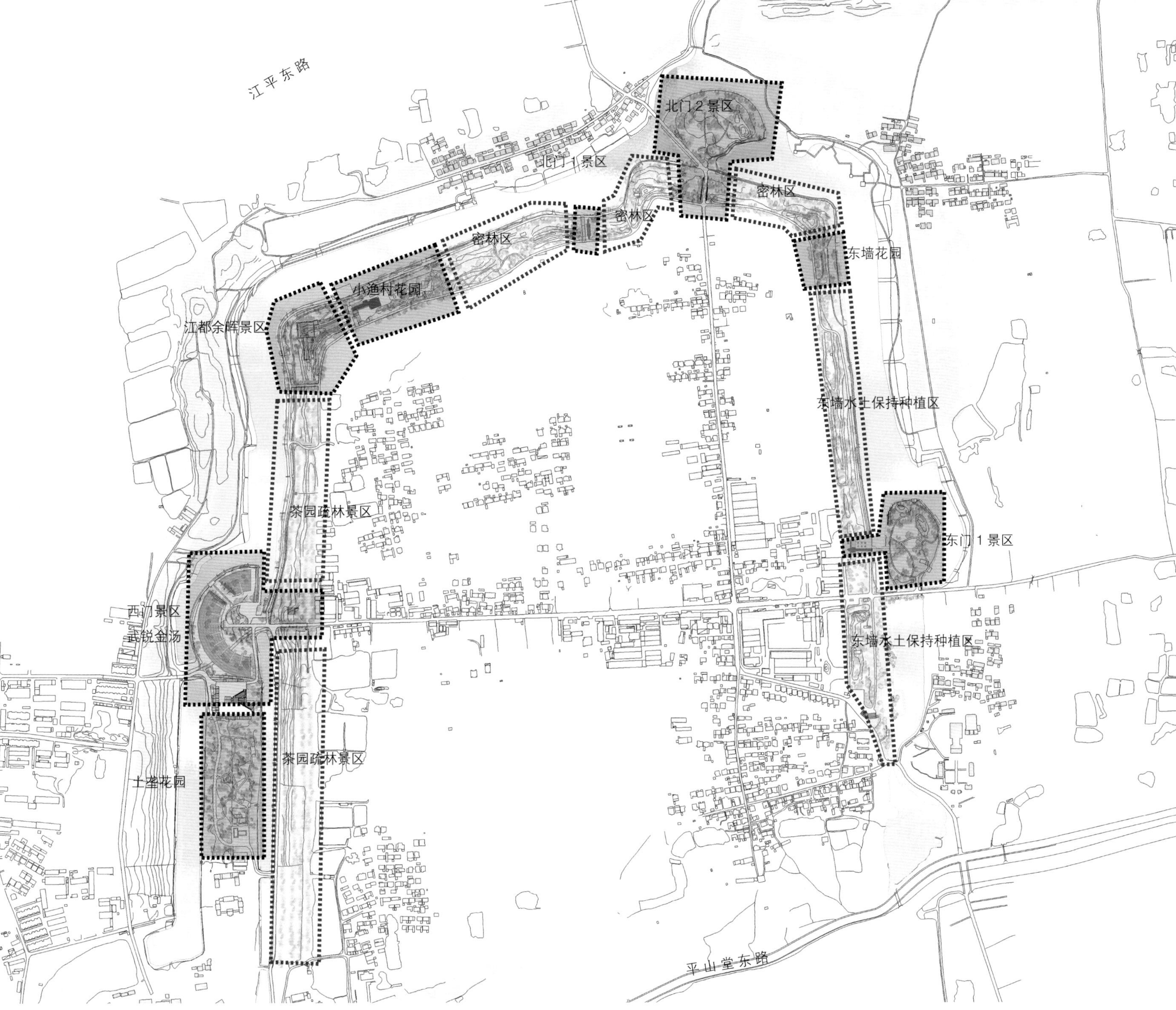
江平东路
北门2景区
北门1景区
密林区
密林区
密林区
东墙花园
小渔村花园
江都余晖景区
东墙水土保持种植区
茶园疏林景区
东门1景区
西门景区
武锐金汤
东墙水土保持种植区
茶园疏林景区
土垄花园
平山堂东路

功能分区图

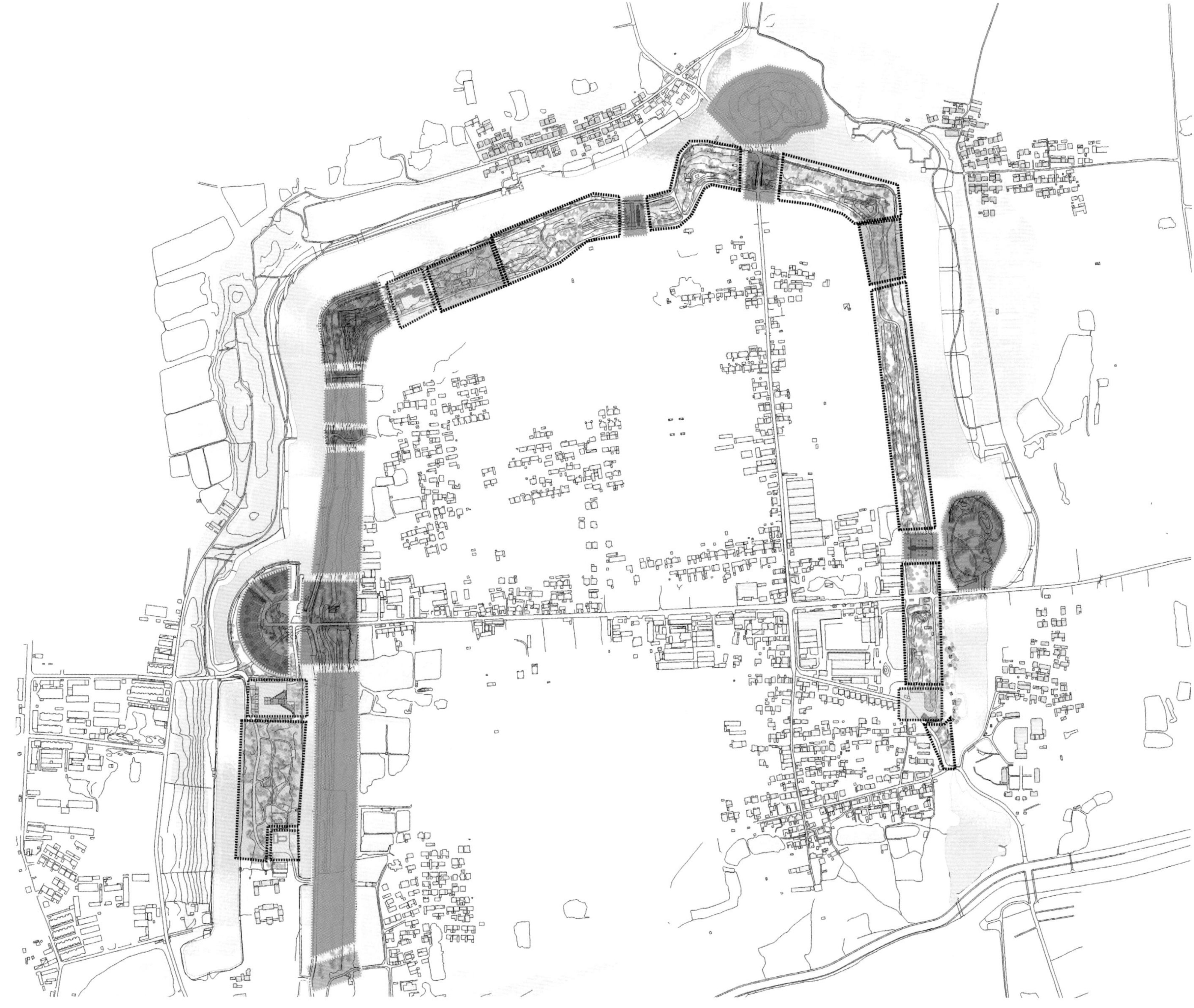

景观节点

保护展示区

生产或其他功能绿化区

管理设施区

绿化保护区

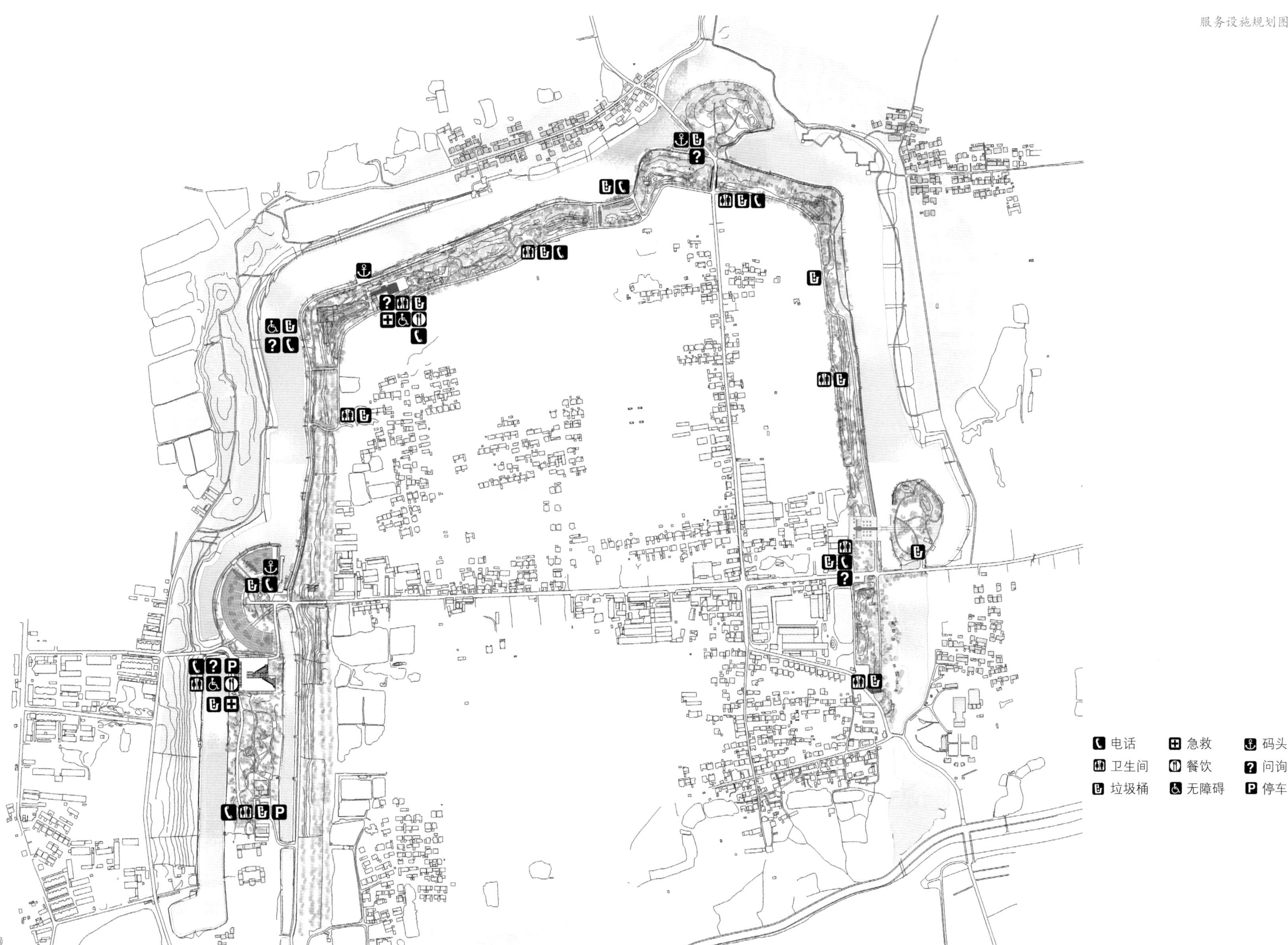
电话
急救
码头
卫生间
餐饮
问询
垃圾桶
无障碍
停车

道路做法平面图



已规划沥青路

新增加沥青路

青砖立砌人行路

金锈岩料石人行路

金锈岩汀步

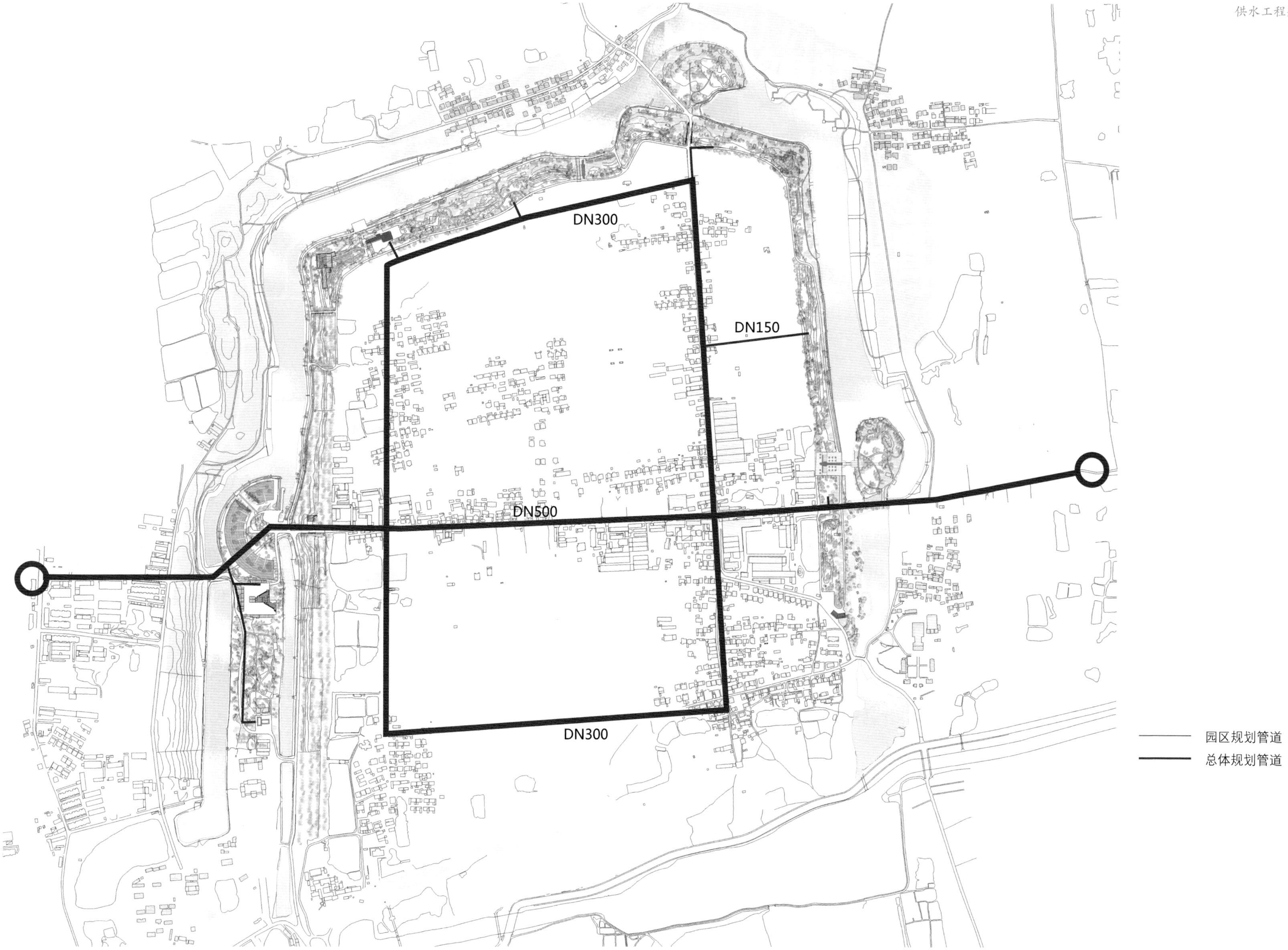

DN300

DN150

DN500

DN300

园区规划管道

总体规划管道

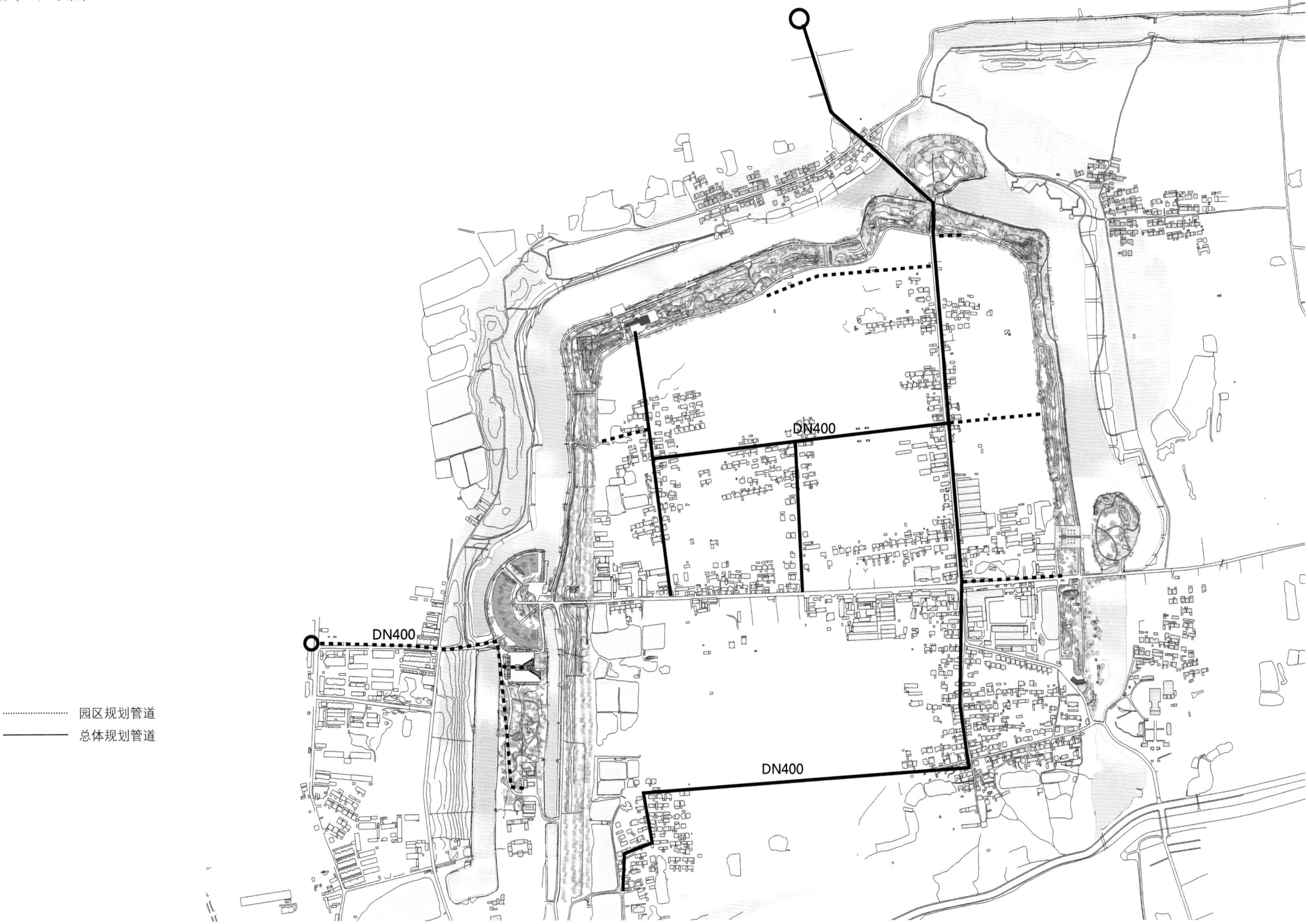

DN400

DN400

DN400

园区规划管道

总体规划管道

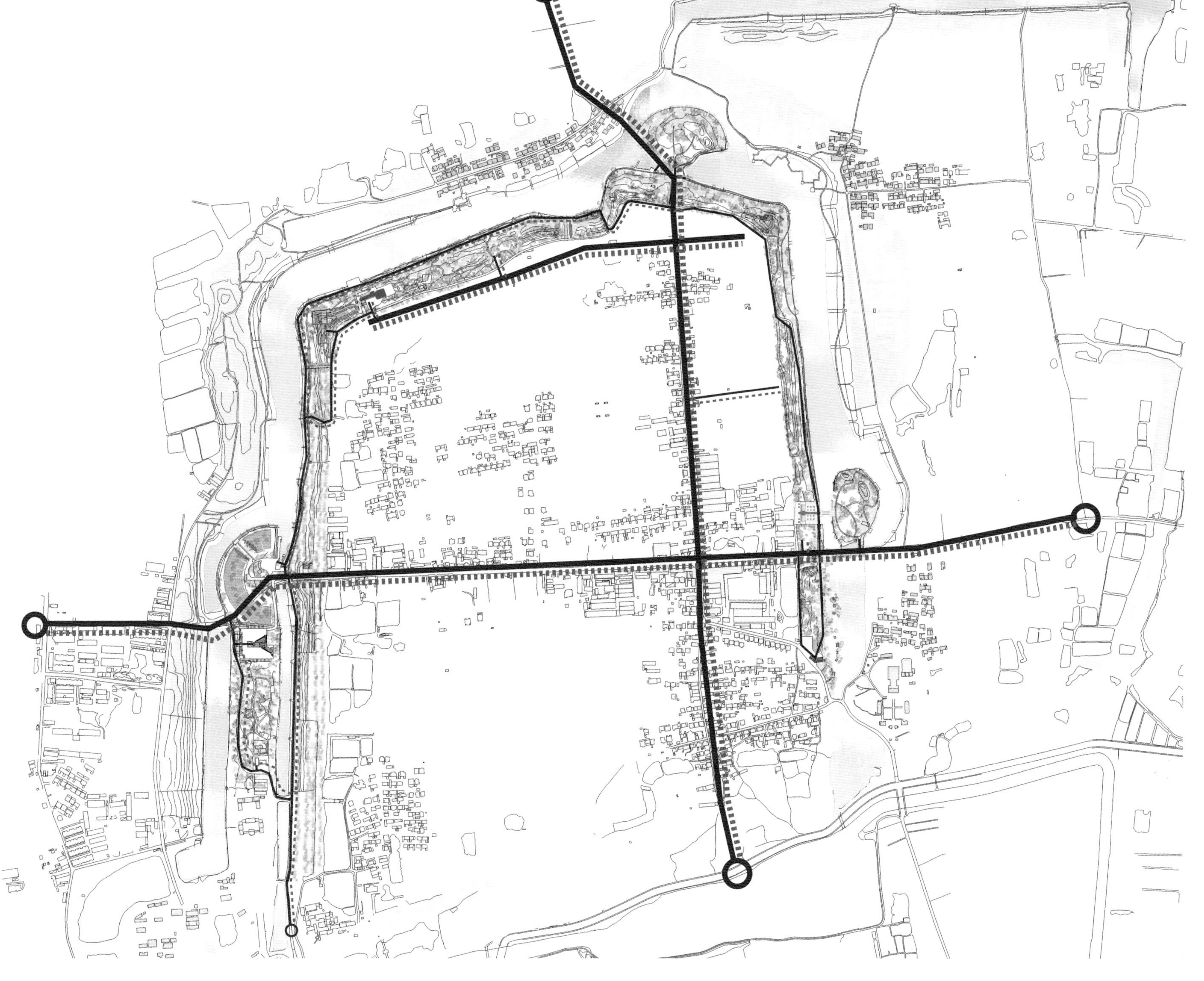
总体规划 10kV 电缆
园区规划电路
总体规划电信电缆
园区电信电缆
外接口

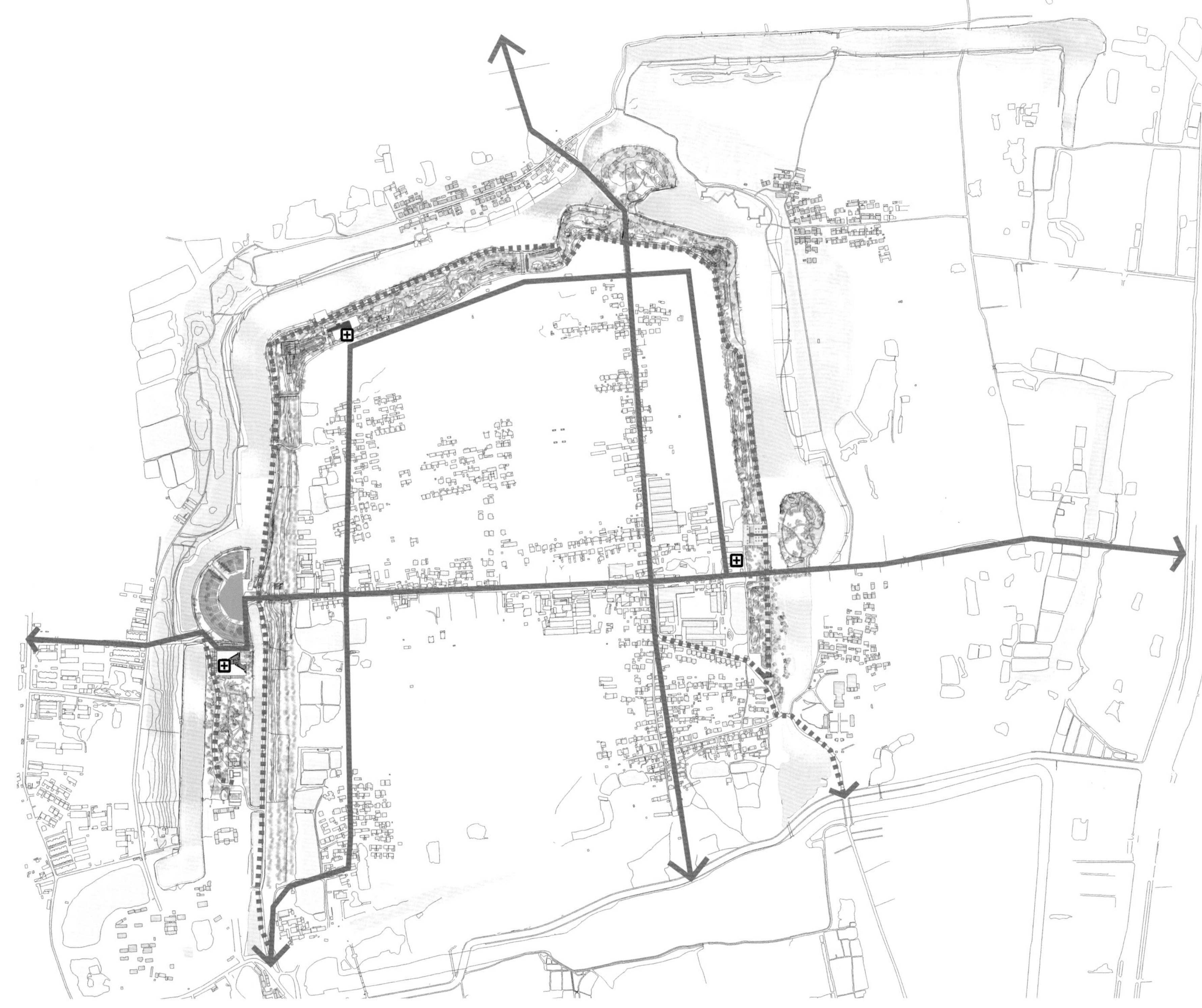
医疗急救站
总体规划疏散通道
园区疏散通道
固定避难场所

# 参考文献

1. 不断促进实践创新 努力传承中华文化——用习总书记讲话精神推动陕西文化事业发展 . 中国文物报，2015.03.04.

2. 中国社会科学院考古研究所 . 清华大学建筑学院 . 扬州城国家考古遗址公园——唐子城 · 宋宝城城垣及护城河保护展示概念性设计方案〔文物保函（2012）1291〕.

3. 扬州唐城遗址博物馆 . 扬州唐城遗址文物保管所 . 扬州唐城考古与研究资料选编 . 2009 年（内部资料）.

4. 扬州市人民政府 . 蜀岗—瘦西湖风景名胜区总体规划，1996 年 .

5.（清）李斗 . 扬州画舫录 . 北京：中华书局，2007.

6. 中国社会科学院考古研究所，南京博物馆，扬州市文物研究所 . 扬州城——1987 ~ 1998 年考古发掘报告 . 北京：文物出版社，2005.

7. 东南大学 . 全国重点文物保护单位——扬州城遗址（隋至宋）保护规划，2011.

8.（清）赵之壁 . 平山堂图志 . 北京：中国书店出版社，2012.

9.（明）朱怀干，盛仪 . 嘉靖惟杨志 . 扬州：广陵书社，2013.

10.（清）阿克当阿修，姚文田编 . 重修扬州府志 . 扬州：广陵书社，2006.

11. 扬州蜀岗—瘦西湖风景名胜区管理委员会，扬州市文物局 . 唐子城护城河保护整治项目申请书，2011.

12. 中国社会科学院考古研究所，南京博物馆，扬州市文物考古研究所 . 扬州城——1999 ~ 2013 年考古发掘报告 . 北京：科学出版社，2015.

13.（宋）王象之 . 舆地纪胜 . 北京：中华书局，1992.

# 后 记

本丛书的编写得益于多个单位及同志的通力支持与全力协作：扬州市文物局顾风、冬冰、徐国兵、樊余祥、朱明松、郭果，扬州市文物考古研究所束家平、王小迎、池军、张兆伟，扬州城大遗址保护中心余国江，中国社会科学院考古研究所蒋忠义、汪勃、王睿、刘建国，清华大学建筑学院张能，以及武君臣、阎韬、武灏、武玥、骆磊、姚雪、金磊。在研究及出版过程中，他们在资料、信息、绘图、编辑、设计等多个方面给予了我们无私的帮助，我们在这里对这些朋友表示衷心的感谢！

作者于北京

2016 年 11 月

图书在版编目（CIP）数据

扬州城国家考古遗址公园——唐子城·宋宝城城墙 / 王学荣等著.—北京：中国建筑工业出版社，2017.11
（国家重要文化遗产地保护规划档案丛书）
ISBN 978-7-112-21513-3

Ⅰ. ①扬… Ⅱ. ①王… Ⅲ. ①古城遗址(考古)—保护—城市规划—扬州 Ⅳ. ①TU984.253.3

中国版本图书馆CIP数据核字(2017)第278756号

责任编辑：徐晓飞　张　明
书籍设计：1802工作室
责任校对：王　瑞

本书主要内容是关于扬州城国家考古遗址公园中唐子城、宋宝城城墙遗迹保护与展示的概念性设计方案。该方案系根据2012年中国社会科学院、清华大学建筑学院共同完成的《扬州城国家考古遗址公园——唐子城·宋宝城城垣及护城河保护展示总则》（出版名称）的主导思想完成的。其主要内容涵盖了对扬州蜀岗上唐子城、宋宝城城墙遗存的结构分析、保存状况评估、保护与展示方案设计、调查与勘测资料等。书中较为详细地论述了城墙遗存保护与展示的基本原理。同时，也在唐子城·宋宝城完全以公园形态出现之前，留下了一批较为重要的资料。它真实记录了蜀岗古城遗址向国家考古遗址公园转化的第一阶段。

国家重要文化遗产地保护规划档案丛书

**扬州城国家考古遗址公园**
**唐子城·宋宝城城墙**

王学荣　武廷海　王刃馀　胡　浩　著

*

中国建筑工业出版社出版、发行（北京海淀三里河路9号）
各地新华书店、建筑书店经销
北京雅昌艺术印刷有限公司制版印刷

*

开本：787×1092毫米　横1/8　印张：24　字数：357千字
2017年11月第一版　2017年11月第一次印刷
定价：198.00元
ISBN 978-7-112-21513-3
（31171）